ITエンジニアのための

JN088132

企画力と企画書の教科書

マイナビ

■ 本書のサポートサイト

本書の補足情報、訂正情報などを掲載します。適宜ご参照ください。
https://book.mynavi.jp/supportsite/detail/9784839970260.html

はじめに

　本書を手に取っていただいたITエンジニアの中には、すでにそれなりのスキルを持ち、思うように開発できる力を持つ人も多くいるだろう。そうすると、自分で一から作りたくなる人もいると思う。将来はオリジナルのサービスを開発したいと考えている人もいるはずだ。

　自分がやりたいことに人の力を巻き込む時は説得が必要で、そのために有効なのが企画力だ。本書は、おそらく日本で初めてITエンジニアにフォーカスした企画力と企画書の書き方を解説した書籍である。本書では、実際に使った企画書の解説や、書籍を読みながら企画書を作るハンズオン解説も書いた。そして企画書関連の書籍にはほとんど書かれていない、水面下の交渉のノウハウや、採用されやすくする行動、思考の奥義も記載した。企画に悩むITエンジニアに必要なノウハウを厳選して書いたつもりだ。

　昔、父親から渡されたカーネギーの名著『人を動かす』を読んで、人を動かすには「大義的なロジック」と「対象者の心理」が重要ということに気がついた。これを私なりにかみ砕いたものが、本書で解説する「ロジックの三角形」と「鳥瞰力」である。私は企画を書き続けて30年、この二つを磨いてきた。

　その結果、就活生が便利に使える資料請求の仕組みを毎日コミュニケーションズ（現：株式会社マイナビ）に提案・受注したり、まだメルマガという言葉が無かった時代にメルマガを企画して読者を6万人集めたり、ターボリナックス、SAP JAPAN、インフォテリア等でニュースとして掲載されるような大型の企画を採用してもらったりした。自分の企画で少しだけ市場を動かしてきたと思う。本書はそのノウハウの総まとめである。私のノウハウがどこかの誰かのきっかけになると嬉しい。

　最後に、私にノウハウを伝授いただいた歴代の上司、先輩の方々、企画に協力いただいた方々、企画書を提供いただいたプライム・ストラテジー西牧八千代氏、そして私の最大の支援者であり戦友である妻に感謝の意を述べる。

令和2年3月吉日
吉政忠志

CONTENTS

第1編　企画書が持つチカラを知ろう

第1章　企画書でエンジニア人生の選択肢は広がる

第2章　企画書はロジックの三角形と4ステップで作る

第3章　実は身近な企画のエッセンス。慣れれば超簡単

第7章 決裁者の視点で考えよう

第8章 企画書の基本構成と調整方法を知ろう

第9章 奥義を知って企画書に磨きをかけよう

第4編 企画書の事例から体感し、学ぼう

第10章 実例編1 PHP技術者認定試験

第11章 実例編2 大ヒットしたWordPress書籍

第12章 実例編3 新会社設立

第13章 離職率を下げる企画を考えてみよう

第14章 最終奥義：短時間で高品質に企画する方法

第**1**章

企画書でエンジニア人生の
選択肢は広がる

Introduction

　この本を手に取った読者の皆様は、おそらく企画書の重要性に気が付き始めていたり、会社から依頼され、急遽企画を作らなければいけなくなったりと、企画書の書き方について何らかを学びたい人ではないだろうか。ご自身の意思か、必要性に迫られてこの本を手に取ったのかはかわからないが、この本との出会いをご縁とでも思って読んでいただけたら幸いである。

　人生を変えるには大変な努力が必要な時もあるが、時にはあることに気づくだけで、簡単に人生が変わってしまうこともある。この本を読むことで、企画の重要さと書き方がわかるようになることがまさに本書の目指す「出会い」だ。企画力がつけば、人の人生は変わる！　それは私が身をもって証明できる。

　「たかが企画で人生が変わるもんか」

　と思うかもしれない。しかし、一生のうち長い期間を費やす仕事の基本は「依頼」「受託」「納品」の3つである。そのうちの依頼とは企画そのものなのだ。複数のメンバーによるプロジェクトも、誰かが誰かに依頼をすることでプロジェクトを成就させる。つまりプロジェクトは依頼という企画の連鎖で成り立っている。会社では多くのプロジェクトを運営しているので、膨大な企画の連鎖で運営されていると言える。

　プロジェクトだけではない。社内の申請書、稟議書、経営会議の議題、部門会議の議題などなど、誰かに何かを依頼したり許可を得ることの基本はすべて企画だ。企画が得意になると、仕事やビジネスコミュニケーション、稟議などすべてがうまくいく。もちろん、企画がうまくても技術力がなかったり、性格に難があったりするとダメだが。それでも人格や能力などが問題ないことが前提とすれば、

「企画力があれば、会社や市場さえも動かすことができる」

　と私は信じている。少なくとも私は企画力で会社や市場を部分的に動かしてきたと思う。Linux、XML、PHP、Ruby on Rails、Pythonの分野などで私の企画が採用され、多少なりとも市場拡大に貢献できたように思う。興味がある人は私の名前で検索してみてほしい。これらの実績はすべて私自身が取り組んだ企画書が発端にある。企画力を伸ばして本当に良かったと思う。

　多くの人が80歳まで働かなければならない時代にAIという第三の労働力が台頭してきており、指示通り働けば食べられる時代が終わろうとしている。AIと共存して労働するためには、新しい何かを生み出せる企画力が有効である。ITエンジニアはシステムを構築・開発できるが、指示通り開発するだけでは後塵を拝するはずだ。

　やはり、将来を考えると、ITエンジニアにも何かを生み出せる企画力が必要だ。ITエンジニアは技術力があるのだから、企画力を手にすれば、自分の技術を使って、まわりを巻き込んだ大きな仕掛けを作れるようになるはずだ。

　技術力＋企画力はそんな可能性を含んだ組み合わせだと思う。本書が自分の技術を生かせる企画力を身に付けるきっかけになると嬉しい。本書はITエンジニアが企画力と企画書を理解できるように、IT会社の申請書やIT業界で実際に採用された企画書をもとに企画力と企画書を解説している。是非最後まで熟読して、企画力と企画書の奥義をマスターしてほしい。

1 | エンジニア+企画力＝最強人材

　この本はエンジニア向けの企画書の書き方をテーマにしている。なぜかというと、**エンジニアが企画力を手にすれば鬼に金棒**と思っているからだ。

　多くの会社でITを活用しているし、ITをビジネスにしている会社も多い。ITという道具が強力だからだ。一方で、技術者ではない一般の方から見るとITは何でもできる箱のように思われることがままあり、技術を理解していないIT関連の企画は、「おいおい、これどうやって実現するんだよ」なんてものがいまだにゴロゴロと存在する。もし、技術をきちんと分かっている人間が会社やビジネスを動かす企画を立てたら、より現実的でムダがなく、効果が出る企画になると思わないだろうか？

　近い将来、成功している経営者の大半はコンピューターエンジニアリングを理解している人材に占められるだろう。

　ビジネス分野ではそういわれている。特にこれからの時代はビジネスにおいてAIが重要な意味を持つ。AIは疲れることを知らずヒューマンエラーもない、優秀な労働力だからこそ、AIを使いこなせる人が成功する。これからは人間の年収分布は富裕層と貧困層に二分されるだろう。AIでペイできる仕事はAIに委託するため年収中間層は減少し、AIを使ってペイできない低賃金労働とAIを使いこなす高賃金労働に仕事が分かれていくのだ。技術を知っているだけでは、AIを使いこなす管理職にはなれない。

　今後は、管理ノウハウやビジネスノウハウだけ知っていても、技術を知らないと企業の経営層として生き残れない。ビジネスセンスだけでなく、エンジニアリング能力と両方が必要なのだ。

　エンジニアはすでに技術を知っている。ビジネスも技術を通してなんとなくわかっている。その技術をビジネスに生かす表現方法を理解すれば、技術とビジネスを活用できる鬼に金棒な存在になるのだ。その表現方法こそが企画なのである。

2 │ 企画を生み出す「ロジックの三角形」と 見渡す「鳥瞰力」

　この本を読もうとしているエンジニアの皆さまには是非、企画力を身に付けて、大きく自分の人生を切り開いてほしい。そして、私がこれから一冊をかけてお伝えする企画力とは、ごく簡単なフレームワークで成り立っている。「ロジックの三角形の引き出しの多さ」と「鳥瞰力」で構成されているものだ。

　世の中には、企画が得意な人と下手な人がいる。下手な人はセンスがないのではなく、ロジックパターンを知らないことと、鳥瞰力が足りないから企画が下手だと思いこんでしまっているだけである。企画のパターンとは、相手が採用したくなるロジックのパターンである。好きな女性を口説こ

図1 企画のセンスとは？

企画力が高い人は、頭の中にさまざまな企画の「ロジックの三角形」のパターンを持っていて、どの「ロジックの三角形」が適切か、見極められる「鳥瞰力」を持っている人である。

この三角形がぴったり！と
判断できるのが「鳥瞰力」

ロジックの三角形

うと思ったときに、採用される「恋愛成就のための企画」を作るのは結構大変だが、ビジネスにおける採用されるロジックパターンはいたって簡単である。なぜなら、会社の究極的な目的は「永続的な利益の実現」だからである。企業がやりたいことは「永遠に儲けたい」ということなので、企画を検討する側は「うちの部門は、この企画で業務目標を確実に実現できます！」と言えるような企画であれば絶対に採用される。

では、会社の業績を上げると説得できる企画書は、どうやって書けばいいだろうか？　その答えはシンプルだ。

どれくらいシンプルかというと、すべての企画のロジックパターンはどんな時にも**「ロジックの三角形」というシンプルな3ステップ**で構成されているからである。本書の前半ではこの「ロジックの三角形」を徹底的に解説する。

本書の中盤では企画力の重要な要素である「鳥瞰力」を解説する。鳥瞰力は、鳥が空から地上を眺めるように全体を見渡す力である。この鳥瞰力は企画においては極めて重要である。鳥瞰力があれば、企画の周辺がよく見えるので、企画が失敗しにくくなるのである。周りが見えていないから、企画を実行するといろいろなことが起こり、うまくいかないのである。また、そもそも周りが見えていないと、企画は採用されることも難しいのである。

第**2**章

企画書はロジックの三角形と 4ステップで作る

企画書はロジックの三角形で構成されている

実はエンジニアにとってプログラミングより簡単な企画書

　ここまででエンジニアにとって企画書が重要な意味を持つことを、ある程度理解してもらえただろうか。ここからはさっそく企画書の基本を紹介していきたい。企画書の書き方の本はさまざまなものが市販されている。企画書のノウハウは難しく書こうと思えばいくらでも書けるが、この本では初めて企画書を書く方を対象に、極めて基本的なことを紹介していきたいと思う。この本で書くことは基本的なことではあるが、どんなに高度な企画書であっても必ずここで紹介する企画書の骨子に当てはまる。常にこの骨子を意識して企画書を作っていけば、どのような企画もわかりやすく書けると考える。

　その骨子とは以下の「ロジックの三角形」が基本である。この三角形は「主張」、「理由付け」、「データによる証明」の3つで構成されている（図1）。

図1 本書で使用していく「ロジックの三角形」

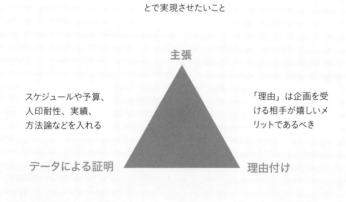

- 「**主張**」：この企画で実現したいことを一つにまとめて書いたもの
- 「**理由付け**」：「主張」を実現するメリットを書いたもの
- 「**データによる証明**」：「主張」を実現するために必要な予算、人員、スケジュールなど数値的なものを書いたもの。企画書の実現性を証明したデータという意味でもある

「ロジックの三角形」を使ってBBQに 友達を誘う方法を企画化しよう

　企画という言葉を聞いてしまうと、難しく考える人も多いが、この3項目にまとめると、非常に簡単にできるような気がしないだろうか。実はこのロジックの三角形は、日常でも普段から私たちが無意識に使用している簡単な「説得のためのロジック」なのである。

　例えば、エンジニアのA君が友達と来週週末BBQに行きたいと考えたときのことを例にみてみよう。

図2 週末BBQに行きたいA君

A君「ねぇねぇ、来週の日曜日にみんなでBBQいかない？」(主張)

友人B君「えー、なんで？」

A君「来週の日曜日、天気予報は晴れだし、ビールとBBQがおいしいシーズンだし、ちょうど豊洲のBBQ屋さんがキャンペーンやってるんだよ」(理由)

友人C君「いいね！俺も青空の下、肉焼いてビール飲みたかったんだよね」

A君「一人2000円で飲み放題食べ放題だってさ」(データによる証明)

友人D君「今、スマホで見てみたら肉はすべて和牛A5ランクだってさ」(データによる証明)

みんな「いいねー！行こう行こう」(企画採用)

　上記のような会話は日常どこでもある会話である。ロジックの三角形のフォーマットにまとめると以下になる。

主張：「キャンペーンをやっている豊洲のBBQに行きたい」

理由：「コストパフォーマンスが良い」「おいしい肉が食べ放題」「晴れなのでよりおいしい」

図3 Aくんが友人をBBQに誘うためのロジックの三角形

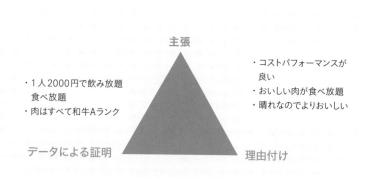

BBQに行きたい

主張

・1人2000円で飲み放題
　食べ放題
・肉はすべて和牛Aランク

・コストパフォーマンスが
　良い
・おいしい肉が食べ放題
・晴れなのでよりおいしい

データによる証明　　　　　理由付け

データによる証明：「一人2000円で飲み放題食べ放題」「肉はすべて和牛
A5ランク」

　となる。これを図でまとめたのが、図3になる。
　ここで勘がいい読者の方は気が付いたと思うが、上記の「主張」、「理由
付け」、「データによる証明」の説明を読んで、「他にもっと別の書き方があ
る」と思った人も多いのではないだろうか。実は企画力の肝は**「どういう粒
度で」「どういう角度で」**このロジックの三角形を書くかがすべてなのであ
る。この書き方の丁度よさが、企画力とか企画のセンスと言われているも
のなのだ。
　このロジックの三角形の丁度よい書き方には法則やルールがある。それ
さえ守ればいい企画は実は簡単に作れるのである。この法則やルールにつ
いてはこの後説明する。

2 ロジックの三角形を作る
企画を作る時はまず、三角形を書いてみよう

　ここまででロジックの三角形は理解できたと思う。次から企画を作る時にまず以下の三角形を書くということを実践してほしい。

図2 ロジックの三角形のテンプレート

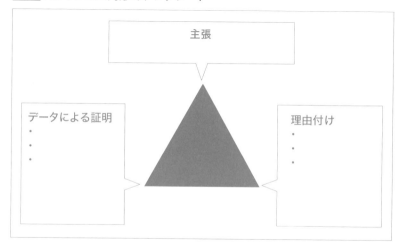

　私は本書を書く前にも、ロジックの三角形を使った企画書の書き方を今まで何回も講義してきたのだが、意外にも、せっかく伝授したこの三角形を活用せずに企画を書き始める人が多いのには驚きがある。なんでもそうであるが、基本が重要なのである。とにかく、本書をつかってロジックの三角形を利用するなら、手書きでもパワポでもいいので、必ず三角形を書いてその枠内を埋めることから始めて欲しい。

　もしも企画の基本であるロジックの三角形がぶれてしまった場合、どんなに時間をかけて企画を書いても結局ぶれた理解しにくい企画になってしまう。また、企画がぶれているまま実行されてしまうと、無駄な行動がプロジェクト内に発生しやすくなり、結果的に収益の悪いプロジェクトになってしまったりするのである。企画はプロジェクトの根幹であるので絶対にぶれ

てはいけない。

さて、脱線してしまったが、企画を作る時、まずは前述のロジックの三角形を書き、それぞれの枠に入るべき「主張」、「理由付け」、「データによる証明」のロジックを立てていこう。

ただし、その前に、ここではよくありがちな間違いを紹介する。

間違いその1）主張をたくさん書きすぎる

「主張」をたくさん書いてしまう。実現したいことがたくさんありすぎてまとめられず、たくさん書いてしまうという間違いだ。一つの企画に複数の「主張」があると企画はぶれてしまう。また、企画を受け取った上司は「この企画、まとまってない」と思うだろう。そしてそう思われると、ちゃんと読んでもらえない。

一つの企画に一つの「主張」というのは、企画の鉄則なのである。もし、どうしても複数の「主張」をしたいのであれば、企画は複数にするべきである。

間違いその2）理由付けに決裁者のメリットがない

「理由付け」が企画を提出する相手のメリットになっていないという間違いだ。前述のBBQの話に例えれば、BBQが嫌いな相手にBBQの提案をしても企画は採用されないのである。もうすこし現実的な話をすれば、社長が株主から今期は学校市場を攻めることで承認を得て事業を展開しているときに、民間市場をターゲットにした企画を出しても、あまり喜ばれない。良い企画であったとしても「また来期検討かなぁ」と言われたり、内心「俺の話聞いてないな、こいつ」と思われるのが関の山だ。会社は、依頼者である株主の意向に沿って、経営職⇒管理職⇒現場と指示が伝達されるので、このベクトルに逆らった企画の採用は極めて難しいのである。読者の皆ようには是非、仕事として採用される企画を書いてほしいので、理由付けを考えるためには会社や自分の部署、上司、またはクライアントがどんな体制で何を目指しているかをよく前提として把握した上で理由付けを考えるようにしてほしい。

間違いその3）データが不十分

　「データによる証明」のデータが不十分すぎるケース。「主張」と「理由」が丁度よい内容であれば、必ずデータは存在する。データが見つからないのは、探し方、作り方が不十分なためだ。データのうまい作り方は第6章で解説する。

> **こんな間違いに注意！**
> * 主張が2つ以上入っている
> * 「理由付け」が提出相手のメリットにならない
> * データが不十分

　上記のような間違いを防げるのがロジックの三角形である。次の章ではこのロジックの三角形をもとにした企画の流れともいえる「ロジカルフロー」の作り方を紹介したいと思う。

3 | ロジカルフロー
企画書のシナリオは実は４ステップ

　前項で説明した企画書の骨子「ロジックの三角形」を企画書の基本構成**「ロジカルフロー」**に当てはめてみよう。「ロジカルフロー」は説明する順番と思ってよい。「ロジックの三角形」がしっかりまとまっていれば非常に簡単なはずだ。

　「ロジカルフロー」の基本的な流れは以下になる。企画書を起こす時も最初に以下の４項目を４行に分けて書き、肉付けするところから始まる。

ステップ1. 現状と課題（主張と理由付けの裏返し）
ステップ2. 解決案（主張）
ステップ3. スケジュール（データによる証明）
ステップ4. 投資対効果（データによる証明）

　各項目を説明しよう。

ステップ1. 現状と課題（主張と理由付けの裏返し）
　「現状と課題」は、企画を提出する相手が把握している現状と課題を書くのだが、これは「主張」と「理由」の裏返してあり、その課題を今解決しなければいけない背景と、解決しなければいけない必然性を書くことになる。少し実践的なことを書けば、会社で今期の目標が決まっていて、その目標と現状のギャップが「現状と課題」になるのである。

ステップ2. 解決案（主張）
　「解決案」は、まさに「主張」そのものである。

ステップ3. スケジュール（データによる証明）
　「スケジュール」は、どういう手順で実施し、その手順により発生した現実的な期間が書かれていればよいのである。

ステップ4. 投資対効果（データによる証明）

　「投資対効果」は、いくら予算をかけて、どれくらいの人員で実現し、効果がどれくらいあるのかをまとめ、企画を提出する相手がこの企画書を読んで、「効果がある」と理解できるように書けばよいのである。

　BBQのフローでおさらいしてみよう。

ステップ1. 現状と課題（主張と理由付けの裏返し）

現状：大型の長期プロジェクトが終わったと思ったら、来週から、別の大型プロジェクトが始まる。

課題：次の休日にリフレッシュできないと、次のプロジェクトの品質に影響が出そうだ（寝て過ごす通常の休日ではなく、スカッとリフレッシュしないとやってらんない！）

ステップ2. 解決案（主張）

次の休日は仲間うちで、お台場の公園でBBQする

ステップ3. スケジュール（データによる証明）

日程・場所・人員：お台場であれば、次の休日は仲間全員が参加できる

予算：お台場のBBQで飲み放題食べ放題キャンペーンがあり、予算面でも全員OK

天気：次の休日、お台場は絶好のBBQ日和になる予報

ステップ4. 投資対効果（データによる証明）

仲間全員BBQが大好きで、仲間で食べる晴れた日の焼いた肉とビールが最高のリフレッシュと思っている（仲間うちのBBQならリフレッシュできないわけがない！）。

　いかがだろうか。仲間うちでよくある遊び企画をロジカルフローに落としてみた。すんなり流れるフローができたと思う。仲間うちの話なので、ロジックの三角形も作りやすい。ロジックの三角形を理解し、後述する鳥瞰力が理解できれば、会社での企画も、仲間うちの遊び企画のように簡単に作れるようになる。

第**3**章

実は身近な
企画のエッセンス。
慣れれば超簡単

1 | ロジックの三角形は 日常業務でも使える

企画が通らないダメ発言の特徴は？

　会議でタスク割り振りやスケジュールを決める時や、仕様を決める時など、だれもが企画力のエッセンスを多少なりとも使っている。そして議事がスムーズに進むときは、**企画のエッセンスが効率的に使われている**のである。このエッセンスこそが前述のロジックの三角形だ。以下では、会議でロジックの三角形を使っていないケースと使っているケースの発言の例を紹介する。その例を通じてロジックの三角形の重要性を認識してほしい。

　まずは失敗例として、ロジックの三角形を使用しない会議の発言あるあるを紹介しよう。

> **例1：**「私はA案が正しいと思います」

　この発言にはA案が正しい理由もなければ、その裏付けとなるデータもない。しかしよく見る発言ではある。実際には参加者がそれぞれ正しいか、正しくないかを述べ多数決のような状態で決議がされることもある。その進行で本当に議事結果が会議で確認されたのかが怪しいものである。

> **例2：**「その案は昨年実施してうまくいかなかったのです。だから実施しないほうがいいと思います」

　この発言には、昨年実施した案と今回の案の内容と状況が一致していることのデータ証明がなく、企画案の表面的な理解で判断をしようとしてい

る。会議でよくある非効率な発言には、このようなデータによる証明の欠如が多い。会議でデータによる証明がない場合、議事進行が主観による意見交換になりがちで、会議参加者が「私はこう思う」という個人的意見の共演となる。結果的に時間ばかり経ってしまい、結論が出ずに会議をやったことで仕事をした気分になる。まさに人件費の無駄使いである。このような会議を繰り返す会社に収益改善なんて夢のまた夢なのである。

ダメな発言を改善するにはロジックの三角形を使う

続いて、いまの発言を成功例に変換したものを紹介しよう。これには、ロジックの三角形を使用ればいいのだ。

> **例1**：「A案は、他社でも成功事例が多く、別紙の投資対効果表にある通り、n百万円の収益が見込めます」

この発言は、他の事例と投資対効果シミュレーションでA案を採用するべき理由を証明している。数値証明が推測値になる場合、事例や専門家のコメントを引用することは有効であるので、ぜひ活用してほしい方法である。このような発言があれば、議事進行では、A案より良い案があるかどうか、そして、A案のロジックの検証に進むので、議事進行が効率的になるのである。

> **例2**：「B分野の市場成長率を見ると、今期はさらにa億円の需要増が期待できます。
> 前期はb億円の広告投資により、c億円の売り上げ増を実現しています。今期のd億円の売り上げを達成するためには、広告投資額は最低でもe億円でなければいけないと思われます」

この発言では、市場での需要増を数値で証明し、前期の広告投資事例

をもとに、客観的な広告投資額を提示している。データによる証明が使用されると、発言の効果が客観的に見えてくるのである。

　多くの人が会議で発言しようとしたり、企画を起こそうとしたときにロジックの三角形における「主張」の部分は明確になっているものである。重要なのは、その「**理由**」と「**データの証明**」なのである。この二つがしっかりしてくると、例題のように発言が理解しやすく賛成しやすくなることに気が付いてほしい。このように企画のエッセンスを使う機会は日常業務の至るところに転がっているのである。

ロジックの三角形は作りすぎない

　ここまでで企画のエッセンスである「ロジックの三角形」を説明してきた。ここでは、モノには限度があることを説明したい。「ロジックの三角形」が企画のエッセンスだとしても、いろいろなことを想定しすぎて一つの企画にロジックの三角形を大量に記載してしまえば、複雑になり読みにくい企画になってしまう。また、複雑すぎると「まとまってないよね」と言われたり、「予期していないことがちょっと起こっただけですぐに崩れてしまう企画だ」と言われ、採用されないことが多い。かといって企画をシンプルにしすぎると効果が小さく見えてしまい、「この企画やる意味あるの？」と言われてしまうこともある。重要なのはその企画書で実現したい内容を必要最適なロジックで説明することなのだ（多すぎても少なすぎてもいけない。ここが企画書で難しく感じるところなのだ）。

「良い企画のパターン」を意識しよう

　さて、第一編の最後に、読者の皆ようにお伝えしたいことがある。ここまでの文章を読んで、企画って難しいなって思っている方がいるかもしれないが、実際には、良い企画ほどシンプルにまとまっている。

　良い企画は実にシンプルで枚数もとても短いものだ。企画書が難しく見えるのは、その企画をどの切り口でどの粒度で書いたらいいかわからないためだと思う。しかし、実際は切り口も粒度も実はすべてパターン化され

ている。そのパターンを想像しながら企画の骨子を練ると、企画書は簡単にできあがる。あとはひたすら慣れて、この企画はあのパターンがいいなって思いつけば、短い時間でできるのだ。企画には特殊な才能は必要はなく、慣れれば誰でもできるのである。ぜひ、肩の力を抜いて、本書の続きを読んでみてほしい。次章では採用される企画書のパターンともいえる作法と概念を解説する。そして、その次の第2編では、企画書の必要概念と言える鳥瞰力について解説する。

図1 企画提案は、「良い企画」のパターンを意識して

第**4**章

採用される
企画書の作法・
概念を知ろう

Introduction

「どうせ書くなら採用される企画書を書きたい」

　誰もがそう思うだろう。しかし採用されない企画が大半である。企画の世界では、アイディアを100本出して10本も採用されればよいほうで、そこから当たる企画が3本も出たら優秀なほうだろう。そのくらい成功する確率は低いという感覚がある。

　また、企画のレベルにも大小がある。企業の企画部門での新製品の企画ともなると、大きな投資が発生するので、採用される確率は当然低くなると考える人もいるだろう。しかし、私の経験では、社運をかけるような大型投資が発生するものを除けば、採用される作法にのっとって企画を作れば、かなりの確率で採用される（ただし、社員としての信用があることが大前提）。この章では、**採用されるための企画書の作法**を解説する。知ってしまえば誰もができる簡単なことなので、ぜひ参考にしてほしい。

　第4章になってもまだ具体的な企画書の書き方の話に入らないのには理由がある。それは、本書の対象者であるエンジニアは、最初から通るはずもない企画を書いているケースが非常に多いからだ。これは、エンジニアが普段、会社の予算や決済に触れることが少ないことに起因すると思われる。そのために優れたエンジニアでも、会社の仕組みを知らない人が意外に多い。

　なぜ、優れた企画書を書くに会社の仕組みが必要なの？と思われるかもしれない。実に、そこがキモなのである。会社員や起業家にとって、企画書とは会社を動かすツールである。だから、会社の仕組みを知っていればうまく会社を動かせるし、知らないと的外れな企画になりやすい。会社の仕組みを知っていると、要所要所で会社を動かしやすい企画にできるのだ。

　ここから紹介する企画書の作法と会社の仕組みの話は「あるある」な話なので、きっと退屈しないはずだ。まずは次を読んでみてほしい。

1 提出しても採用されない 企画書の根本原因

　すでに企画書不採用を経験したことがある方は知っていると思うが、企画が採用されないことはよくあるものだ。自分では優れていると思って書いた企画が採用されないという事実は存在する。

　しかし、どの会社の社長も役員、部長も、必ず「いい企画があればぜひ採用したいので企画書をお待ちしています」という言葉が返ってくるほど、企業とはいい企画を渇望している。いい企画があれば、業績が好転し収益が改善するからだ。裏を返せば、企業が必要としているいい企画書を作ればすぐに採用される。つまり、大事なのは自分が欲しい企画より、**相手が欲しい企画**を作れるかどうかなのだ。相手が欲しくない企画を100個出してもすべてボツになる可能性は非常に高い。それは企業に必要とされていない企画だからだ。

　ここで少し脱線するが、最初の企画が不採用になって、または何回か出したが不採用が続いてなかば諦めているという人にぜひ知って欲しいことがある。私は長年若手を指導してきたが、1回の企画で挫折してしまう人が多いのを残念に思っている。これがどうにももったいないのだ。そもそも初めて作った企画が採用されるなんてそうはないのだから、最初の企画が採用されなかったとしても採用されない理由を確認し、修正して出せばよいだけなのである。企画の世界には「**企画を育てる**」「**企画を温める**」という言葉がある。修正していい企画にすればいいだけなのだ。一度没になってあきらめるのはもったいないと思う。一度時間と能力を使った書いた企画は、ぜひ育てて無駄にしないでほしい。

2 | それは採用されない企画書かも？ チェックリスト

　採用される企画にも原理があるが、採用されない企画の原理もある。ここでは、採用されない企画のあるあるチェックリストを紹介する。下記のうち一つでもチェックが付けば採用されない可能性が高い。

採用されない企画書のあるあるリスト

☐ 会社の方針と違う企画書
☐ 企画を提出する相手の意見と逆の企画書
☐ 自分の担当ミッションと違う企画書
☐ 企画書を提出する相手の権限を大きく超えた企画書
☐ 当期中にリターンが見込めない企画書

　では、なぜこれらの企画書が採用されないのか、説明していこう。会社がどうやって動いているかも、なんとなく理解できるだろう。

採用されない企画1：「会社の方針と違う企画書」

　会社の方針と違う企画でもいい企画であれば、採用されると思っている人が多いが、実際にはその可能性は極めて低い。そもそも株式会社の仕組みとして、会社は株主から資本金を提供していただいて、その金で運営されている。会社の代表や取締役は株主総会で、その資本金をもとにした運営方針の承認を取って運営されているのだ。つまり、会社の方針は株主の承認を取ったものであり、その方針が、取締役から各部門へ、そして末端の社員にまで分解され仕事の依頼が発生している。つまり、会社の方針と違う企画は**スポンサーである株主との合意とは反する**ので、採用されにくい。会社の方針と違う企画を採用した場合、「ハンバーグを作る予定のお母さんが子供に千円でお肉買ってきて、と依頼したのに、おいしそうだっ

たからといって魚を買ってきた子供」と同じだ。依頼通りのハンバーグは作れなくなる上に、もし魚の品質も最悪だったらどうなるだろうか。それと同じで、会社の方針と違う企画を通したり、またそれを実行してスベったらどうなるだろう。スポンサーがカンカンになるのは当然だ。

　業績が悪化すれば、部門が縮小されるだけではなく、取締役は職を失うかもしれない。会社の取締役クラスの人間は、人生をかけて自分の会社で何かを成し遂げようとしている人が多い。その人生をかけて実現しようとしている方針から外れた企画を全力で持って来られても、「その力をうちの会社の方針を実現するため使ってほしい」と思うのはしかたのないことだ。

採用されない企画2：「企画を提出する相手の意見と逆の企画書」

　企画を提出する相手はリーダーや課長、部長など上司筋であるだろう。その上司筋の人と違う意見の企画を提出しても採用される可能性は低い。なぜなら、前述の株式会社の仕組みで説明した通り、上司の意見は、その上司の方針を実現するための意見である可能性が高いからだ。企画を提出する相手の意見と違う企画を提出することは、結局は会社の方針と違う企画を提出している可能性が高くなる。

採用されない企画3：「自分の担当ミッションと違う企画書」

　例えば、技術者がいい製品を開発しているのに、営業やマーケティングがしっかりやってくれないからといって、営業企画やマーケティング企画を開発部門のメンバーが作るのは組織論的に間違っている。意見を出すのは大いに結構だと思うが、開発メンバーが営業部長に営業企画を直接提出しても、開発部門長からでないものをもらっても困るので、開発部門長経由で提出してくれという話になる。しかし、開発部門長経由で企画を提出しても、営業部長は「お前のところの部門だっていろいろ課題があるのに、うちの部門を改善しろというの？」と言われるのが目に見えており、そのまま握りつぶされる確率は高いだろう。どの部門長でも、他部門のことを考える時間があったら、**所属部門の仕事をしてほしい**と思うものだ。課題のな

い組織なんて存在しない。しかし課題を解決するなら優先順位はつねに自分が所属している部門が先だ。

採用されない企画4:「企画書を提出する相手の権限を大きく超えた企画書」

この話は単純で、実現できない企画を持ってこられても採用はできないのである。極端な例だが、社員2名、年商2千万円の会社に、世界一の自動車会社になる企画を提出しても採用されない。提出する相手の権限と予算枠のイメージを持ったうえで企画を作らないと、無駄足になることが多い。

採用されない企画5:「当期中にリターンが見込めない企画書」

ほとんどの株式会社は年に1回の株主総会で会社の方針の承認を得て、業務を実行していく。期が変われば、株主からの依頼が変わるかもしれない。それゆえに、企画は投資からリターンを得るまでの期間を当期中に設定するほうが自然である。期をまたぐ企画の場合、よほどのことでない限り、来期のことは判断ができないからという理由で採用されないことが多くなる。

採用されない企画6:「社内の信頼がまるでない企画作成者が書いた企画書」

普段から素行がよくない社員は企画が採用されない法則がある。企画の実行にはお金も時間もかかるから、最後まで企画をやり遂げられる信用がある社員でないと採用されない。これは正論である。

別の観点では、会社の方針で降りてきたミッションも満足にクリアできていない社員が企画を持ってきても「ほかにやることがあるだろう」と思われてしまうのは仕方がない。

ただ、稀に才能があって今の仕事では満足できず、ややグレている若い社員もいる。例えば遅刻は多いが成績が良いタイプの若者だ。その手の若者が、今の会社に残る価値があるかどうか賭けて、企画を出してみるのはいいチャレンジだ。そのままややグレで余生的な会社生活を続けてもいいことはないし、会社と本気で向かい合って、その会社の価値、自分自身の価値、実力などを試してみるのも面白い。意外に会社が面白くなるかもしれない。才能を無駄にしてはいけない。

3 | 企画書はこう書けば採用される！

　採用されない企画書ばかり解説してしまったが、理由がある。裏を返せば通る企画の法則が見えてくると思ったからだ。

　採用される企画の法則でシンプルで、「会社の方針を加速させる短期間で成果が出る企画を、実行できる人材が提出すること」である。つまり以下のようなものだ。

採用される企画書のルール

- 会社の方針にのっとった企画書
- シンプルで効果が短期間で出る企画書
- 会社および企画者が所属する部門で実行できる企画書
- 企画者に企画を実行できる職務能力と信頼があること

　具体的な例を取って説明しよう。例えば読者が部下二名を管理する主任だとしよう。その場合、採用される王道の企画は以下である。

上司の課長から与えられたミッションを、より効率的に実現できる課長の権限内の企画

　さらに具体化すれば、例えば以下のような企画である（図1）。

図1 部署内の効率化を実施する企画

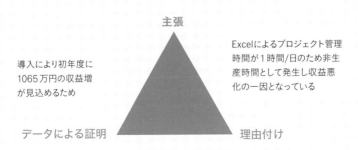

プロジェクト管理クラウド
を導入し、管理工数を
15分/日減らしたい

主張

Excelによるプロジェクト管理
時間が1時間/日のため非生
産時間として発生し収益悪
化の一因となっている

導入により初年度に
1065万円の収益増
が見込めるため

データによる証明　　　　　　　　　　理由付け

現状と課題（主張と理由付けの裏返し）

(1) プロジェクト管理をExcelで行っており、管理のための時間が全メンバー
　　それぞれ1時間／日発生している

(2) プロジェクト管理時間1時間／日が非生産時間であり、収益悪化の一
　　因になっている。

解決案（主張）

(3) プロジェクト管理クラウドを導入し、管理工数を15分／日に減らす

スケジュール（データによる証明1）

(4) 操作学習時間1時間／人で利用開始できる

投資対効果（データによる証明2）

(5) 月1万円と学習時間1時間×3人のコストで、1か月45時間（1日45分
　　×3名×20日間）の生産時間を生み出せる。

(6) 仮にメンバーの時間コストを1万円で計算した場合、初年度の発生コ
　　ストは1万円×12か月＋1時間×1万円×3名の15万円である

(7) 仮にメンバーの生産時間コストを2万円で計算した場合、初年度の収
　　益は1か月45時間×12か月×2万円で1080万円である

(8) 初年度の投資対効果は、（7）−（6）で1065万円の収益増が見込める

いかがだろうか。

　上記は稼働率100%で計算しているが、現実的な数字に当てはめてもこの企画はメリットが出ること分かるため、採用されると言える。実際の企画では、いくつかのプロジェクト管理ソリューションを比較した結果や、他の事例などが成果が出ることを証明する材料が必要だが、重要なポイントはここで抑えられている。つまり、部署内での業務における課題を解消するソリューションであり、実行面でのコスト面にも、利用者のスキル面にも問題がないと証明されている。よいこと尽くめであるうえ、提出先の上長の権限で決定ができる。

　ここまでで、企画の骨子と採用される企画書の概念が理解できたと思う。次の章からは企画力のセンスと言われている部分に踏み込んでいく。

第5章

さらに採用されやすくするには
鳥瞰力が必要

1 | そもそも鳥瞰力とは？

　企画が上手な人は「企画力がある」とか「企画のセンスがいい」と言われる。そもそも企画力とは何だろう？　この章では、その企画力を身に着けやすくするために、企画力の本質を分解し、その肝ともいえる「鳥瞰力」について解説しよう。

企画が採用される人が持っている「鳥瞰力」

　「企画力がある」人とは企画が採用されやすい人だ。その人の企画はなぜ採用されやすいのだろうか。それは、決裁者が欲しい企画を書くからだ。第4章でも述べたとおり、採用される企画とは、決裁者の上司からの依頼を実現するための企画だ。この際、自分に与えられたミッションを理解するだけでなく、決裁者である上司の感覚を把握できているに越したことはない。そのほうが採用される企画を作りやすいからだ。

　決裁者は複数のミッションを持っているので、ほかのミッションより自分の提案した企画の優先順位が高く見えたほうが採用されやすい。つまり決裁者の抱えている複数のミッションも把握できた方が有利だ。このように自分の担当を超え**広域の事情まで把握できる力**が、ビジネスにおける鳥瞰力といえる。

　鳥瞰力があると、決裁者の気持ちになって企画を作れるようになるので、余計に決裁者の心に刺さりやすく、採用されやすいものになる。別の言葉で言えば、鳥瞰力があると上司や企画の依頼者の気持ちがわかる企画者になるという意味もある。

　すこし脱線するが、昔はよく上司に連れて行かれ飲み屋で説教をきかされた若者が多かったろう。今の時代はそういうことは減っているだろうが、誤解を怖れずいえば、その説教こそが「上司の感覚」の伝授であり、鳥瞰力を養う機会だったように思える。つまり、説教を聞いていれば上司側の都合がわかるわけで、決済者の都合や優先順位もわかるということだ。上

図1 鳥瞰力とは？

どこに焦点を当てるか

全体を見渡せる力

どれくらいの時間と予算をかけてどの程度の規模でやるかの「ちょうどいい感」

司に飲みに連れて行かれた若者が企画を通りやすくなり出世しやすいのは、必ずしも酒を飲んでいるひいきだけではないと思う。上司の気持ちがわかるからだ。ただ、さすがに本書で上司と飲みに行けばいい企画書が書けるとは言わない。そうしなくても企画が通る鳥瞰力を培っていこう。

鳥瞰力の肝である「視点」と「焦点を絞る力」が育成される原理とは

さて話を鳥瞰力に戻そう。鳥瞰力を分解すると以下のようになる。

鳥瞰力＝見渡す力＋視点＋焦点を絞る力（ちょうどいい感を知る力）

しかし企画において最も難しいのは、どこに視点を置いて、どうやってそれを絞り込んでいくかだ。

企画者は企画の周辺環境を鳥瞰し、提出相手のやりたいことを想像しながら企画を絞り込んでいくのだが、どの角度から見るのか、また絞り込んだ範囲のなかでもどこに着眼するかが肝であり、一番重要なセンスだ。

この「視点」とはどうやって決めるのか、原理を紹介しよう。

鳥瞰力の原理原則「視点」

　企画力の肝ともいえる「視点」の概念を以下の3つのカテゴリに分けて説明する。視点の具体的な例は、この後、具体的な例を使って説明するので、この項目を読まれた後、是非具体的な例も見て理解してほしい。

　さて、良い視点とは主に、以下のような視点を指す。

> **良い視点とは…**
> **良い視点その1)** 他では実現できない視点で書かれた、効果がより出るもの（企画実行者の実践力や実力で差別化できるもの）
> **良い視点その2)** 次の局面を有効に展開する視点で書かれ、その企画でも十二分に効果が出るもの（ブランディングの向上や、ビジネス基盤を作るような差別化ができるもの）
> **良い視点その3)** 撤退が迅速にできる視点で書かれ、その企画でも十二分に効果が出るもの（どのような企画もいつかは終了し撤退する。撤退を考えておくことは実は前提である）

図2 良い企画とは…

　では、上記がどのような視点であるかを、次の節から順を追って解説していこう。

2 | 良い視点その1）
他では実現できない、効果がより出る「効果的な差別化視点」

　企画をするときに最も重要な視点である。会社で実施する社外向けの企画には、たいてい競合企画が存在する。どんなに良い企画を作っても、マネされやすい企画は自社よりも大きな資本の会社にあっという間に負けてしまったりする。業種や分野によっては、差別化が確立した企画を作ることが難しい場合もあるが、企画者としてより成功しやすい企画を作るには、少しでも差別化を確立しておきたい。

差別化視点をチェックするためのマトリクス

　さて、次に効果的な差別化視点の見つけ方を説明する。まず、以下の表1を参考にしてほしい。

表1 「強み」を生かすためのマトリクス

	自社の強み(1)：カテゴリA	カテゴリAに関する自社にしかない事実（根拠）	自社の強み(2)：カテゴリB	カテゴリBに関する自社にしかない事実（根拠）
自社	◎	日本で最初にカテゴリAの実用化を報道発表している。市場調査でカテゴリAの分野で技術力が高いという評価を得ている。	◎	市場調査でカテゴリBの分野で最も技術力が高いという評価を得ている。
他社A	◎	市場調査でカテゴリAの分野で技術力が高いという評価を得ている。	○	市場調査によるとカテゴリBの分野で高いシェアを持っている
他社B	○	市場調査によるとカテゴリA分野で一定の評価がある。	×	市場調査によるとカテゴリB分野で評価が下降している。

この表のポイントは「**自社の強み**」と、自社が差別化できると言い切れる「**自社にしかない事実（根拠）**」の二つに分けて書かれている点だ。ちなみに今回は紙面の都合上縦軸はそれぞれ二種類しか書いてはいないが、ある程度多くてもよい。しかし、多すぎると企画の絞り込みが難しくなるので、数個程度にまとめたほうが企画は作りやすい。さて、なぜこの表が「自社の強み」と「自社にしかない事実（根拠）」の二つに分かれているかというと、「自社にしかない事実」が他社と比べて「自社の強み」になっていないと、企画としての差別化視点にならないためである。

　では次にこの縦軸の項目の作り方だが、以下のように作ると良い。

ステップ1：「自社の強み」と「自社にしかない事実」をリスト化

　「自社の強み」と「自社にしかない事実」をWebの会社概要、製品・サービス紹介ページやパンフレット、そして、会社名のGoogleニュース検索で出てくる記事や、社長や役員の挨拶文章などから拾い、リスト化する

　以下では、私の会社である吉政創成株式会社を例にとってリストを作ってみる。吉政創成株式会社はマーケティングアウトソーシングを企画作成支援、広報、販売促進、Webマーケティング、調査・分析、イベント運営支援、広告作成、各種報告書作成といった国内で数少ないフル・マーケティングアウトソーシングを行う会社である。ここでは、あくまで例としてリストを作ってみる。

吉政創成の強みリスト

- IT業界向けの唯一メニュー化されたマーケティング・フル・アウトソーシングを展開している（2019年時点でWeb検索しても吉政創成しか出てきません）
- 顧客の多くが上場企業である（吉政創成取引先一覧参照）
- 平均顧客契約年数が5年以上であり、一般的なマーケティングアウトソーシングの平均契約月数である約半年と比べても長期であること
- 広報やイベント運営などの個別のマーケティングカテゴリにおいて、同業の半額以下の価格でマーケティングアウトソーシングを提供している（独

図3 Googleトレンド評価

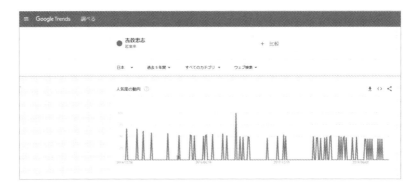

自調査による比較)

- 社長がOSS業界で名前が知られている(以下のGoogleトレンド評価を参照(図3)(Googleトレンドで調べてグラフが出てくる方はそれなりに本名で検索される必要があります)
- 社長の連載が月刊連載数15本である(吉政創成執筆歴を参照)
- 月刊で連載を多数抱えているアシスタントが数名在籍している(吉政創成執筆歴を参照)
- 社長ブログがITmediaオルタナブログで111か月連続ランキングイン(約600名中)している(ITmediaヒットブロガーのページを参照)

ここで調べたWebページや引用元は必ずメモをしておくこと。企画依頼者に企画を説明した後、後日、引用元を求められることは意外に多い。最終稟議が上がった時に求められることも多いので、意外に日にちが空いて求められることも多いのだ。

ステップ2：「自社にしかない事実（根拠）」を抽出する

　ステップ1から今回の企画に関連するもののみを列記して、表の「カテゴリ」と「自社にしかない事実（根拠）」に入れる。

　次に表の中の項目の入れ方だが、あまり細かく書く必要はない。メモ程度に気になったことを書く程度のほうが鳥瞰しやすいのである。細かく書くと何が違うかわからないので、**わざと粗く書くのが重要**である。
　吉政創成を例に挙げて実際に表に埋めてみる（**表2**）。この表を見ると吉政創成は執筆力とマーケティング・フル・アウトソーシングが差別化できることがわかる。つまり、この二つの差別化ポイントを企画の中心的な要素にして企画を練ると、採用されやすくなるというわけだ。

表2 吉政創成の強み分析

	カテゴリ A：執筆力	カテゴリA「執筆力」に関する自社にしかない事実（根拠）	カテゴリB：フル・アウトソーシング	カテゴリB「フル・アウトソーシング」に関する自社にしかない事実（根拠）
吉政創成	◎	社長をはじめ執筆経験が豊富な人材が多い（執筆歴参照）。社長は月刊連載15本を持ち、ITmediaオルタナブログで111か月連続ランキング（約600名中2名のみ）	◎	IT業界において唯一のメニュー化されたマーケティング・フル・アウトソーシングを展開している
他社A	◎	執筆経験が豊富な人材が多い。（執筆歴参照）	○	広報中心のマーケティングアウトソーシングであり、他のマーケティングアウトソーシングはアウトソーシングは外注依存である
他社B	○	執筆しているメンバーが数名いる	×	イベントの企画運営支援のみ展開している

表にはわざと粗く書くのだが、ここで表の中に「数字」を記載すると、本当に差別化になっているかもよくわかる。この数字表記が、実際に企画書に起こす段階で、インパクトを与える書き方の素になることが多い。インパクトがある企画は「！」マークや派手な表記ではなく、常に数字のインパクトである。それゆえに、差別化や企画期待値を表示するときなど常に数字を意識しておくとよい。

　そして表ができあがったら、この企画の差別化になる企画の視点を一つに絞って、1分で書いてみる。例えば以下のような文章になる。

「当社はXXXの分野において日本で最初に事業化を行い、国内トップクラスの技術力があると評価されている」

　この文章を視点に企画を書けば差別化が効いた企画ができるはずである。

3 良い視点その2）
現状でも十二分に効果があり、かつ次の局面を鋭く読んだ視点

　この視点が企画書に盛り込まれると「こいつできるな」と思われやすい視点である。将来出世を狙っている方は是非この視点の考え方も身に付けてほしい。この視点が得意になった企画者はおそらく「あいつが手掛けた企画は成長しやすい」や「あいつに事業を任せておけば安心だ」と言われるようになる。世の中は自社1社で動いているわけではなく、常にいろいろな会社が活動をしている。その中で自社を有利に導くための企画の視点がこれである。一見難しく見えるが、実は鳥瞰マップを作ると意外に簡単にこの視点を盛り込むことができる。

図4 誰が何をしたいかをまとめた鳥瞰マップ

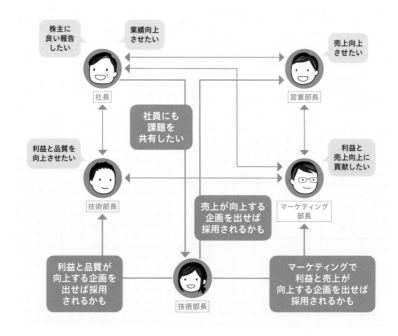

企画に関連する企業や人物を見渡す「鳥瞰マップ」

とはいえ、企画の世界でも一般の用語でも「**鳥瞰マップ**」という専門用語はない。私が昔から企画を作る際に書いていた図解を、今回の書籍のためにあえて名付けてみた。

鳥瞰マップとは、企画に関連した登場人物や組織を書き、それらが何を考えて、何をすればどう動くかをまとめるマップになる。

このマップを書くのは、実際に企画を起こす時にかなり有効な方法だ。実践では、企画に関連した**登場企業**を紙に書き、そこに進んでいく方向や将来実現しそうな行動を書き込んで、**どう展開すれば競合に勝てるのか**をいろいろ練るのだ。実際の企画立案の局面では、その鳥瞰マップを印刷して、喫茶店に行ったり、お風呂に入りながらあれこれ作戦を練ったり、企画の骨子を起こしたりしている。私が実際に使っているマップは、具体的には図5のようなマップになる。

図5 某大手サーバベンダー向け販売促進企画の鳥瞰マップ

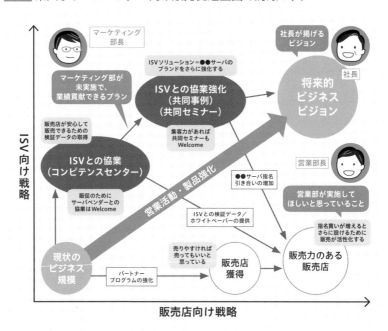

※ISV＝Independent Software Vendorの略。ソフトウェアメーカーを指す

鳥瞰マップの活用法

　ここまで鳥瞰マップの説明をしてきたが、イメージできただろうか。次項で実際に鳥瞰マップの作り方を解説するがここで改めて、鳥瞰マップの活用方法は2つ紹介する。以下のようなときに鳥瞰マップは企画の精度を上げるために効果的である。行き詰った時にぜひ活用してほしい。

鳥瞰マップの活用方法
- ロジックの三角形が決まらず、一人でブレインストーミングをする際に使う。
- ロジックの三角形の案ができた時に、その効果の検証を行うときに使う。

4 鳥瞰マップを作ってみよう

良い視点 2)を実現するフレームワーク

良い視点 3)は企画をチェックするための機能なのでいったん後回しにして、ここからは、鳥瞰マップの作り方をステップバイステップでまとめてみる。以下のステップはたたき台としてのロジックの三角形が存在している場合のケースである。

ステップ 1： ロジックの三角形に直接登場する人や組織だけを書く

ステップ 2： ステップ 1 の当該者が考えていそうなことや関係がありそうなことを書いてみる

ステップ 3： 競合や協力者などの関連がある人を色分けして書く。

ステップ 4： ステップ 3 の当該者が考えていそうなことや関係がありそうなことを書いてみる

ステップ 5： 全体を見渡してみて、自分や協力者に有利で、競合に不利な一手を模索してみる

この 5 つのステップをシンプルな例をもとに鳥瞰マップを作ってみたいと思う。より理解しやすいように身近な例でシンプルな鳥瞰マップを作ってみる。次のようなテーマだ。

シンプルな鳥瞰マップのテーマ

　A君はBさんをデートに誘いたいと考えている。そこでA君がBさんをデートに誘いOKをもらうためのロジックを考える。
　まず最初の案を見てほしい（図6）。

図6 当初考えたA君のロジックの三角形

デートの誘いにOKをもらう三角形のロジック

主張：A君「Bさん、
デートに行きませんか？」

データによる証明：
A君「私身長2メート
ルあるんです」

理由付け：
A君「Bさんは身長が
高い人が好き」

突っ込みどころ満載のロジックの三角形だが例なのでご勘弁いただきたい。そもそもBさんは背が高い人ならだれでもいいはずはないので、このロジックの三角形のまま企画を実行すると、お誘いは失敗する可能性が高いだろう（もちろん、BさんはもともとA君を好きで、うまくいく可能性もなある）。

　さあ、ここで失敗を回避するため、A君の企画を練り直すべく、鳥瞰マップを作ってみよう。
　以下では前述のステップの順で実際に書いてみる。

ステップ1：ロジックの三角形に直接登場する人を書く

　まず、ロジックの三角形に直接登場する人だけを書く。この場合はA君とBさんを書き、相関させた（図7）。

図7 ステップ1

ステップ2：当該者が考えていそうなことや関係がありそうなことを書いてみる

　ターゲットであるBさんをデートに誘う際に関係がありそうなことを書いてみよう。その後、同じ項目に対応するA君の情報を書いてみる（図8）。

図8 ステップ2

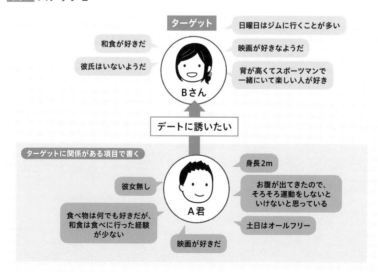

ステップ3：競合や協力者などの関連がある人を色分けして書く

　これまでは書いていなかった競合や協力者などの関連がある人を色分けした上で追記する。今回は、Bさんがどうも気になっているらしいC君をライバルとして書いてみる。また、その2人の関係を相関させる（図9）。

図9 ステップ3

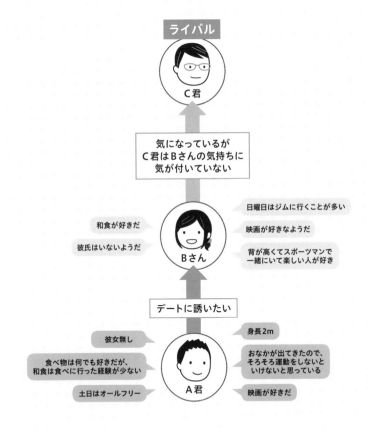

ステップ4：競合や協力者の当該者に関係がありそうなことを書いてみる

　ステップ3の当該者に関係がありそうなことを書いてみる。この場合、A君とC君の比較になるため、A君と同じ項目でC君の情報を書いてみる。ここをピックアップすることで、自分とC君との違いが明確になってくるかもしれない。

図10 ステップ4

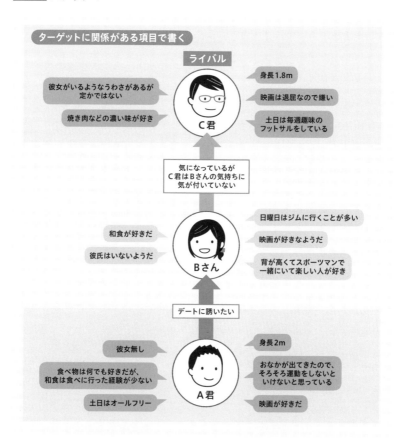

ターゲットに関係がある項目で書く

ライバル

彼女がいるようなうわさがあるが定かではない

焼き肉などの濃い味が好き

C君

身長1.8m

映画は退屈なので嫌い

土日は毎週趣味のフットサルをしている

気になっているがC君はBさんの気持ちに気が付いていない

和食が好きだ

彼氏はいないようだ

Bさん

日曜日はジムに行くことが多い

映画が好きなようだ

背が高くてスポーツマンで一緒にいて楽しい人が好き

デートに誘いたい

彼女無し

食べ物は何でも好きだが、和食は食べに行った経験が少ない

土日はオールフリー

A君

身長2m

おなかが出てきたので、そろそろ運動をしないといけないと思っている

映画が好きだ

end

ステップ5：全体を見渡してみて、自分・協力者に有利で、競合に不利な一手を模索してみる

　要素が詰められたところで「強み」を確認するマトリクスを使って自分・協力者に有利で、競合に不利な一手を模索してみよう。ここではまず、A君とC君を比較し、その上で勝てる部分をもとにデートに誘うシナリオを考えてみよう（表3）。

　上記の表を念頭に、どう誘えばOKをもらえるか考えてみよう（図11）。

表3 強みを確認するマトリクス

	A君	C君
身長	高い（2m）	高い（1.8m）
映画	好き	嫌い
スポーツ	これからやるつもり	フットサル
食事	和食は嫌いではないが経験が少ない	和食より、焼き肉などの濃い味が好き
彼女	いない	不明

図11 ステップ5

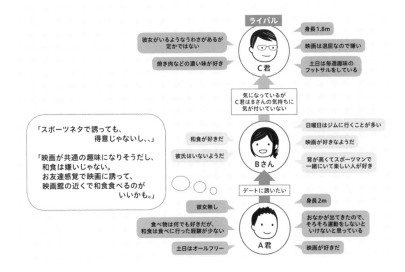

図上でのブレストの通り、C君が嫌いな映画と和食ネタで誘うのが突破口のはずだ。BさんはCさんのことが気になっている状態なので、「好きです」とか「デートしませんか？」みたいな重めの誘いは「ごめんなさい好きな人がいますので」と断られる可能性が高い。Bさんは日曜日にジムに行くスケジュールなので、土曜日程でさりげなく映画か和食に誘うのが良さそうなことがわかる。

　シンプル過ぎる例かもしれないが、デートを誘う対象となるBさんの状況をまとめ、A君とBさんの共通項を見出し、ライバルであるC君との比較も鳥瞰できていると思う。

　では、この鳥瞰マップをもとに先ほどのロジックの三角形を修正してみよう（図12）。
　最初のロジックの三角形と比べるとかなり、成功しそうなロジックの三角形になったと思う。ここまでで鳥瞰マップの作り方と活用方法はなんとなくイメージできたと思う。

図12 修正後のA君のロジックの三角形

デートの誘いにOKをもらう三角形のロジック

A君「Bさん、来月映画『XXX』封切りだね。良かったら見に行かない？」

主張

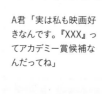

A君「実は私も映画好きなんです。『XXX』ってアカデミー賞候補なんだってね」

A君「Bさんが映画好きって聞いたことがあって…」

データによる証明　　　　　　　　　　理由付け

5 | 販促拡大企画を考えるための 鳥瞰マップを作ってみよう

実践的な鳥瞰マップの例

次は実践編として、社内の企画としてありそうなものを採り上げる。今回の例における前提は以下の通りだ。

企画者の置かれた状況:
- 企画者はあるソリューションプロバイダーの販売促進担当である。
- 同社のソリューションは金融機関市場で大きなシェアを持っている。
- 自社のソリューションの**官公庁市場への販売拡大の企画**を上長から依頼されている

企画書作成のフェーズ:
- 企画の骨子を模索している(=的を射たロジックの三角形を作りたい)

補足しておくと、本書はエンジニアのための企画書作成術とうたっているため販促は範囲外ではないかと考える方も多いかもしれないが、実際にはベンチャー企業においては技術者が販売促進の企画を考えることもあるため、今回は販売促進系の企画を例に取り上げている。

では、鳥瞰マップの制作ステップに沿って、鳥瞰マップを作っていこう。今回はたたき台となるロジックの三角形が存在していないので、制作のステップは以下のようになる。

ステップ1：企画に関連する人や組織だけを書く
ステップ2：ステップ1の当該者が考えていそうなことや関係がありそう
　　　　　　　なことを書いてみる
ステップ3：全体を見渡してみて、自分や協力者に有利で、競合に不利
　　　　　　　な一手を模索してみる

では、実際に鳥瞰マップを作ってみよう。

ステップ1：企画に関連する人や組織だけを書く

　今回は、市場と登場組織を書いていこう。市場は、自社のターゲットと
なる「官公庁市場」と自社の強みである「金融機関市場」である。そして登
場組織は、「自社」と「競合」と協力者である「提携先候補」と「提携先の強
豪」である。まずはこの6つを書いてみる（図13）。

図13 ステップ1

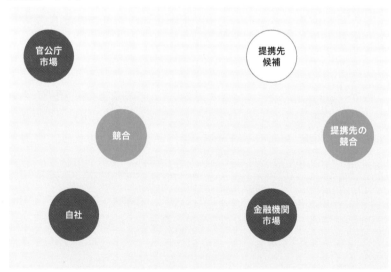

ステップ２：当該者が考えていそうなことや関係がありそうなことを書いてみる

　ステップ１の段階では相関関係もないままだが、ステップ２ではそれぞれの**当該者が考えていそうなこと**や**関係がありそうなこと**を書いてみよう（図14）。

　自社のソリューションは金融市場で高いシェアを持っているが、官公庁市場ではあまり売れていない。提携先候補は官公庁市場で高いシェアを持っているが、金融機関市場ではあまり売れていない。自社のソリューションと提携先候補のソリューションは技術的にデータ連携ができるという事実がみてとれる。

　ステップ２の図14はかなりシンプルに書いたが、実際は競合が存在するので図15のようになるはずだ。

図14 ステップ２

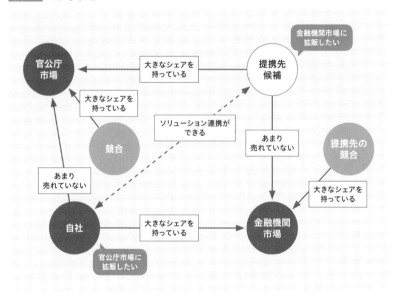

図15 ステップ2に競合を加える

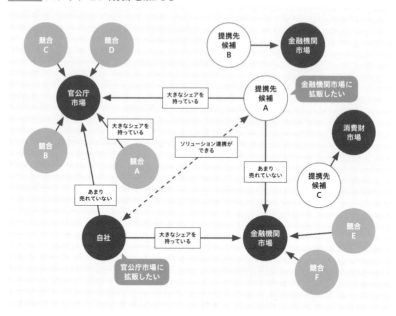

実践ではいろいろ書いてみては消してみたりして、試行錯誤で作っていくとよい。

ステップ3：全体を見渡してみて、自分や協力者に有利で、競合に不利な一手を模索してみる

　次に、自分や協力者に有利で、競合に不利な一手を模索してみよう（図16）。

　自社と提携先候補は、お互いの強い市場とターゲット市場が相互補完になっている。また、両社のソリューションがデータ連携できるため、もし、「自

社ソリューション＋提携先候補のソリューション」の連携により、双方の競合
ソリューションと比べた場合の弱点が補われれば、WIN-WINの良い提携が
実現できることがわかる、ということが推測できた。

図16 ステップ3

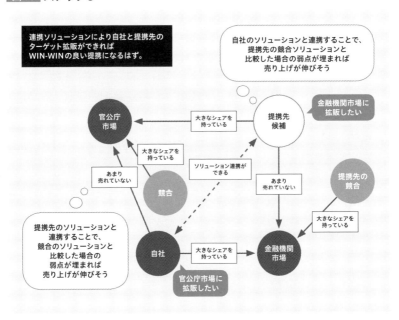

鳥瞰マップは素早くブレインストーミングを一人で行っていくもの
なので、丁寧に書く必要はない。ここに時間をかけていては企画
書ができるまでにさらに時間がかかってしまうからだ。書き換え
も多いので、プレゼンテーションソフト上で作ることをお勧めす
る。また、この鳥瞰マップはさまざまな人の意見を頂いたほうが
良いものができるため、他部門の仲がよい人にも見てもらい、
フィードバックが得られると、より精度が高い鳥瞰マップができる。

　ここまでで鳥瞰マップができた。次にこの鳥瞰マップをもとにロジックの
三角形を作成してみる。
　骨子としては図17のようになるはずだ。

図17 導き出されるロジックの三角形

官公庁でのシェアを増やすロジック

官公庁市場で来期
m億円を獲得する

主張

提携先のソリュー
ション顧客の内、a%
が競合ソリューション
を使用している。本
提携により、来期n
社が獲得でき、m億
円の売り上げが上が
ると推測される

提携先ソリューション
と連携し、協業する
ことで競合との比較
劣位がなくなるため

データに
よる証明

理由付け

　実際に企画書を起こす段階では、提携先ソリューションと自社ソリュー
ションが連携した場合の競合ソリューションとの比較や、競合との比較劣位
がなくなった場合の売り上げ増のシミュレーションなどが必要になるが、ひ
とまず鳥瞰マップからロジックの三角形を作るまでの流れは理解できたと思
う。

　ここまでに紹介した「良い視点その1」「その2」は、一度理解しただけで
は、なかなか実践できるようにはならできない。長い目で育成していく感
じで、何度も企画を作り、この**「視点」の鋭さ**を育ててほしい。この「視点」
が鋭ければ鋭いほど、依頼者は驚き、採用される確度が上がるのである。
競合がいる場合は、強豪との差別化になるので、勝ち続ける企画者にな
るためにも是非育ててほしい要素だ。

6 良い視点その3）
撤退が迅速にできる視点で書かれ、その企画でも十二分に効果が出る視点

　どのような企画も永遠には続かない。必ず終わりを迎えるのだ。しかし、規模が大きくなれば、撤退は難しくなる。それ故に企画時に撤退方法を明記しておくことで難しい撤退時に迅速にできるようになる。ここでは、撤退を迅速に行うための方法を紹介する。

撤退の基本とは

　企画における撤退の基本とは「最小限の投資と時間で迅速に撤退できること」である。これを実現するためには、あらかじめ契約書や規約や社内文章に撤退時のルールを明記し、企画参加者の参加条件として同意させることである。あらかじめ撤退の仕方で同意して参加していれば、撤退時にその通りに撤退すればよく、当時と違った状況があれば、その撤退時のルールを基準に検討すればよいのだ。

有効な撤退ルールの例

　以下では、よくある撤退ルールの例を紹介する。撤退方法を検討する際に参考にしてほしい。

時限立法で企画する

　時限立法はもともと法律の用語であり、限時法とも呼ばれることがある。法律制定時に撤廃期限が決められた法令を意味している。マーケティング業界では、あらかじめ終了期日を決めた企画を指して使うことが多い。よく使う場面では、そもそもキャンペーンがそうであり、キャンペーン終了時にすべてが終わるのである。別の例では業界団体や社外の第三者を支援するプログラムであらかじめ終了時期を決めることが多い。例えば、「A」という技術の普及を目的とした業界団体を立ち上げるとする。その際にあ

らかじめ3年で技術「A」を普及させるために、「設立3年後のXXXX年XX月XX日に本会を解散する」と規約などに明記するのだ。「第三者を支援するプログラム」も同様に第三者と結ぶ契約に「本サービスはXXXX年XX月XX日に終了する」と規約などに明記する。一般的には「規約」に財産や負債の処理方法、個人情報・機密情報などを明記する。

終了条件を明記する

　ソフトウェアやサービスのライフサイクルが該当するが、例えばソフトウェアであれば、「最新の2バージョンまでを保守対象とし、3バージョンより古いものは保守を終了する」と明記することが該当する。この手の終了時期や基準は契約時や参加時にあらかじめ提示されると問題になりにくいのだ。途中で終了条件が出てくるともめやすいので、あらかじめ設定しておくと良い。

誰が終了判断できるか序列を含めて明記する

　これは、あらかじめ、誰が終了判断できるか序列を含めて決めておくということである。特に社外の業界団体など、企画が長期化すると決裁者が病気で判断できなくなることも想定しなければならない。その場合、序列二位以下が誰かを決めておく必要がある。企画が大きく成長すれば、利権が発生するため、この辺りはかなりもめるのだ。社内の場合はなくてもいい項目であるが、社外の企画の場合はあらかじめ決めておいた方が良い。

7 | 一手の改善で効果が大きい 根本原因を見つける

　ここまで第5章で学んできたことを振り返ると、5-1では「鳥瞰する力」、5-2では「絞り込む力」、5-3から5-6では「より評価されやすい視点」（3〜5節）を解説してきた。この章の最後に、効果を最大限に引き出すための企画の考え方を説明する。

本当に良い企画は一手で2度3度おいしい企画

　よい企画とは、最適な短時間と投資で最大限の効果を出す企画である。そしてよい企画は、副次的な効果が出ることも多い。一手で二度二度おいしい企画は、割と存在する。こういう現象を体験したことはないだろうか。

　「うまくいくときは、全部うまくいく」
　「うまくいかないときは、ことごとくうまくいかない」

　必ずしも全部うまくいったり、全部うまくいかなかったりすることはないかもしれないが、感覚でそう思うことは誰もがあるはずだ。それは、組織で起こることはすべて相関関係があり、副次的な良い効果も悪い効果も連鎖しやすいからである。それゆえに、その相関関係に一手で2度3度おいしいトリガーが存在するのだ。

相関関係から一手で2度3度おいしいトリガーを見つける

　例えば、ある会社に10個の課題を挙げてみる。原因がダブっている課題が複数あるはずだ。さらにその課題の原因の原因を掘り下げれば、原因はさらにダブり、一手で二度三度おいしい企画の骨子が見えてくるのである。

まずは、その相関関係を以下の表を使うとまとめてみよう。

	課題1	課題2	課題3	課題4	課題5
原因A					
原因B					
原因C					
原因D					
原因E					

この表の使い方は以下の手順で使う。

1）最初に表計算ソフトの横軸に主な周辺の課題を列記していく。

2）次に各課題の原因を縦軸の左端に列記し、外用する部分に以下のように〇印を付けていく。

	課題1	課題2	課題3	課題4	課題5
原因A		〇		〇	
原因B	〇				
原因C					〇
原因D			〇		
原因E		〇			

ここで重要なのは原因の欄の粒度だ。課題に対して直接的な原因のみ記載するとわかりやすくまとまる。ここまでで、数値的な影響の大きさを抜きにした単純な相関関係がわかるはずだ。

次に前述の表に一行加え、その効果を数値で記載してみると何が効果が高いかがわかるはずだ。期待効果値を記載してみると、例えば以下のようになるはずだ。

	課題1	課題2	課題3	課題4	課題5
期待効果値	稼働率 ●●%改善	障害発生率 ●%改善	収益率 ●%改善	離職率 ●%軽減	面接から採用までの採用率 ●%改善
原因A		○		○	
原因B	○				
原因C					○
原因D			○		
原因E		○			

　上記の表には期待効果値の実際の数値が記載されていないが、数値が記載されている場合、どの原因を解決すれば、一番効果が高いかがわかるはずだ。上記の表では、原因Aを解決すれば、障害発生率と離職率を下げられることがわかる。開発系の部門ではよくある相関関係だったりする。実践的な話であるが、一つの原因解決により、複数の課題が解決される場合、どちらか一方をメインの企画として書き、もう一方を補足の副次効果として記載したほうがわかりやすい。

　このように相関関係にあるいずれかに視点を当てると、副次的な効果を出しやすい企画を作れるのだ。

誰が何をしたいか、どう相関しているかを把握することが大切だ

第**6**章

企画者の視点で考えよう

鳥瞰力を高めるためのアプローチ

鳥瞰力はなぜ重要なのか

　第3編では、企画書の真骨頂ともいえる**鳥瞰力の養成**を行っていく。

　第5章でも説明したが、鳥瞰力とは、空を飛ぶ鳥の視点で全体を把握する力ということだ。この鳥瞰力とはただ見えているというだけでは正しい定義ではない。広く把握できているということが重要なのだ。例えば、ある企画があり、その企画を取り巻く関係者がいたとする。それぞれの関係者がいることを認識するだけでは足りない。**それぞれの関係者がおおよそ何を考え、どう判断しそうなのかを把握できる力を鳥瞰力という**のだ。この鳥瞰力こそが企画力の視野であり、鳥瞰力がたけているとより地に足が付いた成功しやすい企画が作れるのである。鳥瞰力は企画センスの中心的な部分を担う力の一つである（図1）。

図1 企画における鳥瞰力の重要性

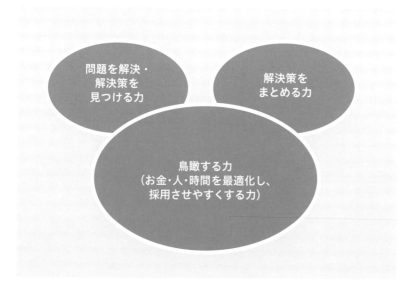

第4章でも説明したが、良い企画とは採用され、成功する企画である。採用される企画ということは相手がその成果を期待している企画であり、鳥瞰力がないと相手が期待している成果が明確に見えないのだ。また鳥瞰力がないと、その企画で気をつけなければいけないことも見えないので、対策案やカウンタープランも弱くなってしまう。結果的に企画自体がリスキーに見えてしまったり、成功しにくく見えてしまう。

　また、採用されても失敗してしまう企画は良い企画ではない。成功する企画は、企画者が企画を実行する過程とその結果及び結果が生まれる仕組みを見通せていている。企画者が鳥瞰力を持っていないと、結果は運に任されてしまう。運に任せた企画はビジネスではリスキーすぎて採用できない。成功する人はなぜいつも成功するのか。その重要な要素に視野があり、企画で言えば、その視野は鳥瞰力なのである。

社内申請書を使って鳥瞰力を養成しよう

　ここからは、身近な**社内申請書の例**を通じて鳥瞰力を養う練習を行っていく。実は社内の申請書というのはミニ企画書みたいなもので、エッセンスは一緒なのだ。普段の日常業務でも経験する社内申請書の例を見ていくことで、会社という組織の中で、何がどう動いているのかといった鳥瞰力を感じることができるはずだ。

　第6章と第7章ではそれぞれ、社内申請書に対して以下の視点でまとめる。

> 第6章 **企画者**の視点
> 第7章 企画を受け取った**決裁者**の視点

　第6章では、社内申請書の6つのケースについて、背景を説明するとともに、ロジックの三角形を使って、主張、理由、データによる証明をまとめる。

続いて第7章では、第6章で作った企画に基づく申請書を紹介し、受け取った決裁者がどのように考えるのかを紐解いていく。

　この2つの視点を理解することで、会社の中で企画者、決裁者が何をどう感じるかが理解できるはずだ。この2点で見ることに、だいぶ鳥瞰力の感覚がわかってくるはずだ。

　また、例となる各申請書は実際の会社業務においても参考になることがあるかもしれない。申請が難しいものや面倒な時に思い出してもらってもよいだろう。

　さて、この章で紹介する例は以下のとおりである。株式会社の開発部門のエンジニアを想定し、身近で実践する可能性が高いものを挙げた。

例1：外部研修を受ける承認を得る

例2：人材採用承認を得る

例3：採用広告を出す承認を得る

例4：採用セミナーを実施する承認を得る

例5：資格手当を支給してもらう承認を得る

例6：採用ブランドを向上委員会発足の承認を得る

---

2 鳥瞰力実践の前に確認
企業における組織構造と優先順位

採用される企画は組織の目標にあったもの

　企画が採用される考え方は第4章で説明した。ここでは、第6章の企画者（申請者）である読者の**周辺環境**をイメージしながら、企画が採用されるメカニズムを理解してほしい。

　この章の例は開発部門を想定しているので、開発部門に求められる役割を中心に、各部門の役割も説明する。

　会社によって組織の作り方はまちまちではあるが、ここではわかりやすく、以下のように分類してみた（もちろん例外もある）。

図2 企業の組織構造

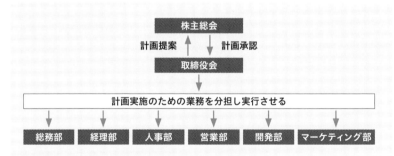

株主総会…会社が年度計画について株主から承認を得る場
取締役会…株主から承認を得た内容を部門ごとにどう役割を分担して実現するか決定する場
営業部門…取締役会議で割り振られた販売目標を達成する部門
開発部門…取締役会議で割り振られた開発・保守方針にもとづき、プロジェクト収支目標を達成する部門
マーケティング部門…取締役会議で割り振られた販売促進・ブランディングの目標を達成する部門
人事部門…取締役会議で割り振られた採用・人事管理方針にもとづき目標を達成する部門
経理部門…売上や経費を集約し、決算書など経営状態を示す資料をまとめる間接部門
総務部門…ヒト・モノ・カネ・情報を総合的に管理する間接部門

誤解を恐れず、分かりやすく書くと図3のようになる。

図3 簡易化した企業の組織構造

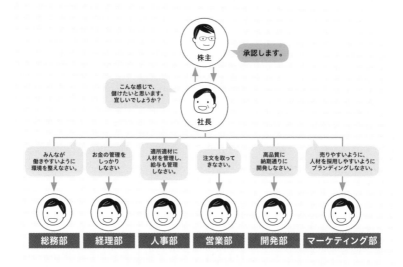

　上図を前提に考えた場合、会社が開発部門に求める**目標値は「目標予定期限内に目標のコスト以内で、目標となる品質以上で開発・保守すること」**になる。すべてがこれにつながらないといけない。当たり前だと思うかもしれないが、この当たり前の前提（いつまでに、いくらで、どれくらい実現する）を忘れた企画は意外に多い。この目標を達成するための企画でないと優先度が下がるので、企画を作るときは常に意識してほしい。

採用される企画には優先順位がある

　さて、話をもう一段掘り下げる。

　ところで読者のみなさんの所属する部門でもっとも大きな課題になっているのは次のうちどれだろうか。

・目標予定期限内にプロジェクトが終わっていない

- 目標のコスト以内でプロジェクトが終わっていない
- 目標となる品質以上で納品できていない

　「全部でしょう」という回答が返ってきそうではある。前述したが、うまくいくときは全体的にうまくいき、うまくいかない時は総じてうまくいかないものなのだ。おそらくではあるが、予定期限以内にプロジェクトが終わらないケースは、その過程で品質が上がっていないことが多い。品質が悪いから、プロジェクトが伸びて、応援を投入することでコストも上昇し、時間オーバー、予算オーバーという悪循環に陥ってしまうのだ。さらにこの悪循環はこれにとどまらず、できる人材が流出し、残された人材に負荷がかかり、病気になり倒れていく人も出る。さらにその悪循環は他のメンバーにも飛び火していき、デス・マーチを超えたデス・サイクルになるのである。

　話が少しそれたが、前述のとおり、開発部門の課題は「時間」「コスト」「品質」の3つに集約される。この「時間」「コスト」「品質」の3つの課題のうち、最重要課題が決まっている部門では、その最重要課題に合わせて、企画を作成し、提出すれば、採用されやすい。すべてが深刻な課題で、どれから手を付けていいかわからない部門は**迷わず品質を選ぶべき**である。開発の依頼者は時間についてはある程度待てても品質は我慢できず、品質が悪いと会社の信頼も落ち、営業部門などにもその悪影響が飛び火し、会社の信頼が下がり、受注が取れなくなるためである。コストは会社として耐えられる場合は耐えるしかないが、倒産の危機を迎えようとしている赤字の会社は、**当然コスト最優先**で企画を考えるべきである。

まとめ

　開発部門は取締役会議で設定された開発プロジェクトにおける「時間」「コスト」「品質」の3つの課題のうち、大きな課題を解決する企画であれば採用されやすい。

　第2編でも解説したのでここでは簡単に説明するが、企画は**ちょうどよい予算感・スケジュール感・期待効果値**でないと採用されない。この3つ

のちょうどよい感が投資対効果として承継できれば採用されることになる。組織として投資したコスト以上に効果が上がることが企画上で証明されないと採用されないということだ。

　ここまでで企画が採用されやすいメカニズムは理解できただろうか。この後はそれぞれの例に合わせて採用されやすいメカニズムを、それぞれの規格に合わせたロジックの三角形を解説していく。特に記載が難しい「データによる証明」の部分を中心に複数の例を紹介していく。

3 例1 「外部研修を受ける承認を得る」

上司はなぜ研修に反対するのか

　「外部の研修を受講させたいんですけど〜」と上司に話すと、「外部に研修させる時間がない」や「ただでさえ人手不足なのに、研修に時間を取られるとコストが増えて売り上げが減少するじゃないか」という回答が返ってくることがあるだろう。研修の内容が的外れだったり、決済者が表面的にしか内容を理解できなかった場合は、そうなってしまうことが多い。しかしながらこのケースにおいても、開発部門の三大目標である「時間」「コスト」「品質」の**3つの課題を解決できる企画**を作れれば、採用される可能性が高くなる。

　ここで意外に知られていない情報をお伝えしたい。多くの優れたエンジニアが感じていることだろうが、教育をしっかり受けたり、勉強をしてプロジェクトに臨めば、品質の良い成果物を出しやすく障害発生率も下がることがデータから分かっている。そして、どのような優秀なエンジニアも時が経てば一度学んだことも忘れていく。このような話は感覚で分かっていても、稟議を起こすのに苦労するエンジニアが多いのではないだろうか。
　そのときは、こんなデータを使ってほしい。IDCが公開している調査データ「Impact of Training on Project Success[1]」の中に、「Relationship Between Training Spending and Project Success」(検索すると調査データを確認できる)というグラフが掲載されている。このグラフは2011年に調査されたものなので少々古いデータだが、稟議にも添付できる参考データとしては押さえておきたいところだ。このグラフの要点は以下だ。

※1 https://edu.arrow.com/__Contents__/media/files/pdf/catalog/547/IDC_Impact_of_Training_2011.pdf

【トレーニング時間とプロジェクト成就の関係性】
- 年間の売り上げの3%しか教育に投資していない企業のプロジェクト成功率は3割を切る
- 年間の売り上げの6%の金額を教育に投資すると企業のプロジェクト成功率は8割を超える

そのほかにも「教育」、「研修」、「成功」、「障害発生率」、「調査データ」などのキーワードで検索するともっと新しい調査データが出てくるかもしれない。興味がある方は是非調べてみてはどうだろうか。

外部研修受講承認のロジックの三角形

さてここで、ロジックの3角形を使って、「外部研修を受ける承認を得る」の採用メカニズムについて説明してみる。今回の命題では以下のようなロジックの三角形が成り立つのではないだろうか。データの証明方法はいくつかパターンがあるので、参考にしてほしい。

図4 外部研修を受ける承認のためのロジックの三角形

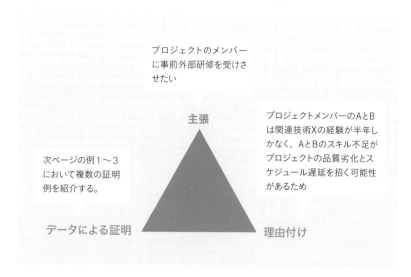

プロジェクトのメンバーに事前外部研修を受けさせたい

主張

プロジェクトメンバーのAとBは関連技術Xの経験が半年しかなく、AとBのスキル不足がプロジェクトの品質劣化とスケジュール遅延を招く可能性があるため

次ページの例1〜3において複数の証明例を紹介する。

データによる証明　　　　　　理由付け

データによる証明については以下に解説する。

例1：類似比較証明

　今回のプロジェクトに類似している以前のプロジェクト「X」の結果を見てみると、経験半年以下の人材がプロジェクトに参加したことで、3か月のスケジュール遅延が発生している。この3か月のスケジュール遅延による赤字は○百万円であった。一方で今回のプロジェクトに類似しているプロジェクト「Y」の結果を見ると、経験半年以下の人材がプロジェクトに参加しているにもかかわらず、事前研修を受けていることで、スケジュール遅延が発生していなかった。なお、今回のメンバーAとBが3日間のトレーニングを事前に受けた場合の発生コストは○十万円であり、事前研修を受けたほうが収支改善する可能性が高いと考える。

例2：過去データによる証明

　過去の当社のプロジェクトの結果を分析すると、経験半年未満のエンジニアが参加しているプロジェクトのスケジュール遅延率は80％である。一方で、経験半年未満だが、事前研修を受けているエンジニアが参加しているプロジェクトのスケジュール遅延率は10％である。今回のメンバーAとBが3日間のトレーニングを事前に受けた場合の発生コストは○十万円であり、○十万円のコストはスケジュール遅延3日分のコストであり、事前研修を受けたほうが収支が改善する可能性が高いと考える。

例3：消去法による最善手であることの証明

　本プロジェクトを提供する顧客へのプロジェクトは過去にも大きく遅延している。また、この顧客には現在来期の大型案件を提案中であり、本プロジェクトが遅延することで来期の大型案件が受注できなくなる可能性が極めて高い。一方で、本プロジェクトメンバーの人員において経験半年未満のAとB以外の人員は、未経験のCとD、外注で単価が高いEとFがいる。CとDよりはAとBのほうが人材として適切である。EとFは単価が高く、プロジェクトに参加することで予算を大幅に超えてしまい、非現実的である。よって本プロジェクトは現行人員でスケジュール内での納品を目指すことが適切であり、メンバーAとBの未経験分野の研修コースを受けさせ、スキル不足を補うことが最善手であると考える。

例のように、収支を大幅に改善しない場合でも最善手として採用される
ケースもある。優れた企画者はこのような引出しをたくさん持っている。企
画を極めたいと思う方は、いろいろな企画や提案書を見て、証明する方
法の引き出しを増やすことをお勧めする。

4 例2 「人材採用承認を得る」

人材採用はリスクが高い業務

　経営者にとって人材採用は固定費がかさむのに対して、すべての人材が黒字に貢献するわけではないため、慎重に行いたい業務だ。また、採用コストは1人あたり平均で、数十万円後半から100万円を少し切るくらいであることが多い。数十万円かけて採用してもなかなか成果が出なかったり、すぐにやめてしまったりすることもあるため、**採用はリスクが高い**のである。それでもIT系の会社でエンジニアが足りなければ事業が成り立たないし、業績拡大のためにはエンジニアの採用は必要不可欠だ。

　つまり企業の本音は採用を進めなければならないが、常に離職やミスマッチのリスクがあるため慎重に判断したいという感じだ。このことを念頭において、採用メカニズムを考えてみよう。

人材採用承認のロジックの三角形

　ここでも第一編で解説したロジックの三角形を使って、「人材採用承認を得る」の採用メカニズムについて説明してみる（図5）。今回の命題では

図5 PHPエンジニア採用の三角形のロジック

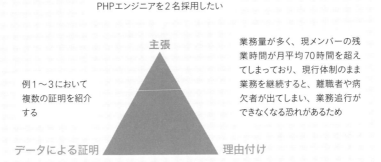

PHPエンジニアを2名採用したい

主張

例1〜3において
複数の証明を紹介
する

業務量が多く、現メンバーの残業時間が月平均70時間を超えてしまっており、現行体制のまま業務を継続すると、離職者や病欠者が出てしまい、業務追行ができなくなる恐れがあるため

データによる証明　　　　　理由付け

図5のようなロジックの三角形が成り立つのではないだろうか。データの証明方法はいくつかパターンがあるので、参考にしてほしい。

データによる証明については以下に解説する。

例1：類似比較証明

　　○○事業部では、平均の残業時間が70時間を超えていた状態で、離職者が2名出てしまった。その後、他のメンバーに業務が集中し、長期病欠者が3名、離職者が2名出て業務実行ができなくなったことから他部門の支援を受け、対応した案件がある。メンバーの平均残業時間が高い状態で離職者が出ると、連鎖的に長期病欠者や離職者が出る傾向があるため、平均残業時間が高い状態に達した場合、早期にメンバーを補充する必要があると考える

例2：調査データによる証明

　　調査データによると平均残業時間と離職率には相関関係があり、平均残業時間が70時間を超えた場合、離職率が10%上昇するというデータが出ている。また、退職原因の1位に労働時間があり、平均残業時間を下げるためにメンバーの増員が必要であると考える。

例3：法律やガイドラインに沿った最善手であることの証明

　　労働基準法第36条にもとづく「時間外・休日労働に関する協定届」（通称36協定）を遵守した適切な労働時間を考えると、月70時間の残業時間が継続することは社内コンプライアンス上の観点でも不適切であり、36協定違反と取られてもおかしくない状態である。メンバーの残業時間を適切な時間に戻すためにもメンバー増員は不可欠であると考える。

組織にとってのリスクを減らし、売上貢献につなげる

　　今回の例では、採用に本気度が感じられない組織に対する申請書の上げ方を紹介した。会社にとって社員は売り上げの原資であり、その原資の流出は大きなリスクになる。また違反によるペナルティも痛い。そこでその点を突いた例を挙げてみた。

ここで重要なことを書く。会社も売り上げを拡大したいし、社員も売り上げ拡大により間接的な恩恵を受けるため、会社も社員も売り上げを拡大したいはずだ。一方で良い人材を採用するにはそれなりのブランドや仕組み、そして採用のコツが必要である。

　現実的な採用稟議においては、採用することを決定する方針稟議とどうやって採用するかという実行稟議の最低2種類の稟議が必要になる。会社が採用したいと思っているのであれば、方針稟議は通りやすいはずだ。会社が採用したいのに、採用できない場合は、やり方が間違っている場合が多い。より確実に採用をするためには、実行稟議に重きを置いてしっかり企画をするべきだ。企画はうまくいくための方法を説明し承認を得るためのものなのだ。

Column 1 【吉政コラム】 良い社員を採用したいなら

　話は少し脱線するが、昨今、人手が足りないとよく言われるが、一向に採用しない組織も存在する。採用できない場合ももちろん多いのだが、私から見えれば本気で採用しようとしていない組織も存在する。私は嫌いな考え方であるが、会社で利益を出す基本は「安く仕入れ、安く働かせ、売り上げを上げる」であり、こういう考えの会社はなかなか採用をしないのだ。

　このようなことを書くと社員側の読者の方から怒りの投書を頂きそうではあるが、商売はそこが出発点なのである。出発点と書いたのは、「安く仕入れ、安く働かせ、売り上げを上げる」だけを本当に実行してしまうと、人も業者も最後にはお客様も離れていってしまうからだ。

　社員のだれもが同じ労働を提供するなら少しでも高額の給与をもらいたいのである。物やサービスを提供する業者も少しでも高く売りたいのである。良い社員、良い業者は働き先にも提供先にも、引く手あまたであり、安く働かせる会社からは離れていくのである。

ちょっとしたテクニック

経営層も会社に属しており、社員も会社に属している。いろいろな立場が存在する組織では、多かれ少なかれ、誰もが主観で行動し、衝突したり、うまくいかないことがある。今回の例の採用などにおいてもそれぞれの成功体験があいまって、意見がまとまらないことがある。そんなときは客観性を取り入れるとよい。例えば採用なら社外で成功した人や失敗した人を呼んで勉強会を開き、経営層、現場エンジニアで一緒に話を聞いてみるのも有効である。このような第三者の意見で話が前に進むことも多い。企画そのものだけでなく、このように企画が進みやすいように、お膳だてを工夫するのも有効なテクニックである。

Memo データ探しのコツ

企画を立てる際に的確な調査データを見つけるコツを知っているととても良い。駆け出しの頃は欲しい情報を探すのに2時間3時間もかかったことがあったが、今は、10分もあれば欲しいデータを探せるようになった。回数をこなすことも上達のコツだが、IT系の雑誌やニュースメディアの調査データを常にチェックしておくことで、業務や市場の数字をイメージできるようになり、探し直しもしやすくなる。数字は客観性があり、管理職の説得や交渉で役立つことが多い。Googleアラートで調査データや市場データなどのキーワード設定し、常に見ておくことをオススメする。

5 | 例3
「採用広告を出す承認を得る」

投資に対するリターンが事前に確約できないケース

　中堅企業や中小企業の経営者にとって採用広告はリターンが読みにくいものである。日本のITエンジニアの採用コストの平均は数十万後半から100万円弱である。割と高額なのに採用できる保証はない。数十万円後半の利益を得るためにどれくらいの売り上げを上げなければいけないかを想像すると、採用広告は勇気がいる投資になる。しかし、採用広告を出さないと採用できない局面も多く、なけなしの費用をかけて採用広告を出している会社もある。数十万円の広告投資をして、採用した人材が試用期間中に辞めてしまったり、成果を出さずに辞めてしまったりすることもある。しかも自社に合わない人材を採用すると、チーム全体のパフォーマンスにも影響が出る。そして流動している人材にはよい人材もいるが、よくない人材も多い。このように採用は採用コスト＋採用後の赤字の可能性もあるので、本当にリスクが多いと思う（やり方が正しいとリスクは下がるのだが）。

　このような背景を考えると、採用広告を出す承認を得るためには、**リターンが得られやすいこと**をどこまで証明できるかにかかっている。この経営者マインドを考慮したうえで採用メカニズムを考えてみよう。

採用広告承認のロジックの三角形

　ここでも第1編で解説したロジックの三角形を使って、「採用広告を出す承認を得る」の採用メカニズムについて説明してみる。今回の命題では以下のようなロジックの三角形が成り立つのではないだろうか。データの証明方法はいくつかパターンがあるので、参考にしてほしい。

図6 採用広告を出す承認を得る、ロジックの三角形

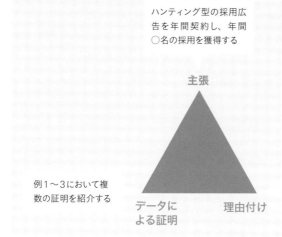

ハンティング型の採用広告を年間契約し、年間○名の採用を獲得する

主張

年間○名の採用をするためには、採用広告を出すだけでは目標とする応募数には至らず、プッシュ型の広告が効果が見込めるため。また採用広告は継続的に出していくことが効果を上げるため

例1～3において複数の証明を紹介する

データによる証明

理由付け

データによる証明については以下に解説する。

例1：前例による証明

　以前、A社のハンティング型採用広告を使用した際は、1か月で100件ハンティングメールを送付し、n名の採用に至った。単純計算になるが、年間m名の採用を獲得するためにはXか月間のA社のハンティング型採用広告を使用することで、年間目標であるm名の採用を達成できると考える。またA社のデータによると、メールを継続しつつ毎月コンテンツを変更した場合、採用効率が15％向上したというデータがある。このデータを加味すると、Xか月の契約でほぼ年間の採用目標は達成できると考える。

例2：他社の実例にもとづく証明

　ハンティング採用広告を提供しているA社のデータによると、同業界同規模の会社が年間で同採用広告を使用した結果、年間で平均m名の採用を獲得したという情報を入手した。採用効率が高い企業は毎月広告内容を変更し、こまめにハンティングメールで対応をしていたようである。このデータを踏まえると、本件の採用により、年間の採用目標は達成できると考える。

例3：契約条件による証明

　年間の契約により、ハンティング型採用広告を提供するA社とm名採用に至るまで、無制限にハンティングメールを送付してよいという特別条件の見積もりを受理した。本件の採用により、年間の採用目標は達成できると考える。

ちょっとしたテクニック　〜広告で成功する基本とは〜

　採用広告に関して、今回「証明」部分で3つの例を挙げた。前述の通り採用広告はより広告投資のリターンの確実性が求められるため、前例や契約条件での縛りで証明することをオススメする。採用広告は何回も実施することが一般的であるため、実施した結果を補完し、社内でも共有してほしい。その結果が次の企画に必ず活かされるはずだ。

Memo　効果が出る広告媒体を知る

採用広告を依頼する際に、そのメディアによって様々な提案が出てくる。提案の内容も重要であるが、今回の例題で紹介したような過去の結果や媒体資料などのデータがどこまで充実しているかで決めてもよい。提案側は、自社に有利な情報をできるだけ出してくる。データを出せないメディアはいい情報がないのだ。また情報を整理していないようなメディアはいい加減すぎる。いいデータを持っているメディアを選ぶというのは、ある意味正解なのである。

ただし、電子メールを活用した広告は少し注意が必要だ。電子メーラーにはスパムメールを自動的に捨てる機能がある。歴史があり著名な電子メールを活用した広告は大半の読者がスパムメール設定をしており、全く効果が出ないことがある。

6 | 例4 「採用セミナーを実施する承認を得る」

採用セミナーは投資効果が見込めるようにする

　採用セミナーはうまくいくと効率的に採用を得られる良い手段である。な
ぜなら、一度に大量な入社に興味がある方々に直接アピールでき、連絡先
も入手できるので、セミナーの終了後にプッシュもできる。そして、セミナー
が満席になれば、参加者は「この会社は人気があり勢いがある。私も入社
したくなった」と、プラスアルファの感情を来場者に植え付けることができ
る。日本人は大衆判断に影響されやすく人気があるものに我先にと思う心
理が動きやすい。このような点からも採用セミナーはうまくいくと本当に効
果が出る。

　一方で決裁者側は「セミナーの集客に失敗したら、少数の参加者に悪い
イメージを与えてしまうのではないか」や「著名人の講演で人を集めても
面接には至らないのではないか」などと不安になったりする。採用セミナー
は、ある程度高い確率での**投資対効果の証明**ができないと承認されない。

　一般的には採用マーケティングを担当する人材は、参加者を面接に誘導
するまでを担当することが多い。面接から採用のプロセスは人事部などの
面接官が担当することが多いからだ。今回は採用マーケティングの範囲に
限定した採用セミナーの稟議について採用メカニズムを解説する。

採用セミナー承認のロジックの三角形

　ここでもロジックの三角形を使って、「採用セミナー実施の承認を得る」
について説明してみる。今回の命題では以下のようなロジックの三角形が
成り立つのではないだろうか。データの証明方法はいくつかパターンがあ
るので、参考にしてほしい。

図7 採用セミナー実施の承認を得るロジックの三角形

採用セミナーを実施し、
○名の面接希望者を獲
得する

主張

採用セミナーが採用
に至りやすい面接希
望者○名を集めやす
いため

例1〜3において複
数の証明を紹介する

データに
よる証明

理由付け

データによる証明については以下に解説する。

例1：過去の事例からの証明

　当社の過去の採用経路を調査すると、一番採用人数が多いのが採用セミナーである。また、1回あたり20名程度の参加者数を集められた採用セミナーの面接希望者は平均でn名であり、20名程度の参加によるセミナーの実施で目標面接人数を獲得できると考える。集客は前回と同様の集客方法で実現できると考える。

例2：他社の事例からの証明

　同業他社B社の採用セミナーの集客が毎回20席の定員を大きく超えている（実際の申請書では他社の例を添付するとよい）。当社も同様のセミナー開催することで、同程度の集客が見込めると考える。当社の過去の採用セミナーでは全参加者の約n%が面接に進むことから、他社と同様のセミナーを開催し同程度の参加者を集めることで、目標を達成できると考える。

例3：集客契約による証明

　メディアのセミナー満席広告プラン[1]を採用することで、今回企画するセミナーを満席にすることが可能。当社の採用セミナーでは全参加者の約n%の割合で面接に進むことから、本広告を採用することで、目標を達成できると考える。

[1]　メディアによってはセミナーの運用も含めて依頼する場合、満席になるまで広告を投下してくれるプランを提案してもらえる場合がある。

ちょっとしたテクニック　〜セミナー企画はターゲットに合わないとダメ〜

　どんなにいいセミナー企画でも面接から採用に至らないと、人事部門から採用マーケティングの企画が良くないと言われる。人事部門が採用したくて、採用できる可能性があるレベルの人材を採用セミナーで集める企画が必要なのである。ものすごく良い人材ばかり集めても、年収が合わな過ぎて採用に至らない。かといって、年収がまだ低い未経験者ばかり集めても、採用に至らない。年収でも能力でも、ちょうどいい人材を集客するための「企画」が必要だ。

Memo　日ごろの数字記録が企画書のデータ証明に使える

企画者として必ず表計算ソフトを使って、データを記録しておくことが重要だ。そのデータが今後の稟議を通しやすくする。採用セミナーであれば、どのような手段でいくら投資したか、リーチ数、セミナーページセッション数、申込数、出席数、面接者数、採用数、実施日、セミナーページURLは表計算ソフトに残しておきたい。これにより、傾向が分かるはずだ。稟議や企画書においては数字が重要だ。数字で客観的な証明ができるので、日ごろから数字の記録を心掛けておくとよい。

【吉政コラム】
あとフォローのKPIを事前に作る

　最近のエンジニアの傾向として、自分から応募して書類選考で落ちたり面接で落ちるような事態を避けたいと思っている人が多いようだ。自分から転職先に応募する人は少なく、誘われた会社に就職をする傾向がある。無駄足や失敗をなるべく避ける方が多いのだと思う。このような時代では、スカウト型の広告や採用セミナーなど、採用側からプッシュする採用マーケティングの手段が有効である。採用セミナーはセミナー終了後に登壇者が声をかけて、そのまま面接に進み採用されるケースが本当に多い。スカウト型の広告もあるが、スカウトする会社が多いので、スカウトされても特別感が薄い。しかし採用セミナーの後に雑談をしていて、声をかけられた場合は、お互いにコミュニケーションをとり、お互いの興味を確認してから声がかかるので、誘いの信頼感が高く、特別感もあるので有効だ。このように採用セミナーはその後のフォローが重要なので、企画をする際は最初からあとフォローまで含めて記載することが重要である。また確実にフォローを行うために、**KPI**（Key Performance Indicator　企業目標の達成度を評価するための主要評価指標）にフォロー項目を入れておくべきである。KPIの設定基準としては以下のような基準が有効である。

　　・セミナー参加者数
　　・アンケートでの求人に興味がある人数
　　・セミナー後に声をかけた人数
　　・面接に至った人数（セミナー後に声をかけた人数の内訳）
　　・採用に至った人数（セミナー後に声をかけた人数の内訳）

　上記のKPIを用いることで、セミナー後に声をかけた人数が多い方が成果が出るという結果になるはずだ。このKPIを入れることで、担当者がセミナー後に声をかけるようになる。なぜなら、このKPIの設定によりセミナー後に声をかけないと、機会逸失として上司から怒られるためだ。このように企画実施時の運営をKPIでコントロールすることもできる。企画者はこの点を念頭において企画を作るとより成果が出やすい。

7 | 例5 「資格手当を支給してもらう承認を得る」

支給される側でなく、支給する側目線で理由を設定する

　私は嫌いな考え方であるが、商売の基本は安く仕入れ、安く働かせ、高く売るである。しかしながら、儲からなければ、いい仕入れ業者は逃げていく。成果が高い社員には相応の対価を支払わなければ逃げていく。相応の価格で販売しなければお客様も逃げていく。それゆえに、経営者は、取引先や社員、お客様と良い関係を築こうとするのである。

　資格手当の話も、このロジックに当てはめることができれば、採用される。すでに勘がいい読者の方は感じていると思うが、企画は相手の感覚で採用したいと思うようなロジックを作ることが極意。よって、今回の資格手当に関しては、決裁者が喜ぶ「社員の技術向上の指標」と「お客様向けの均一なサービス品質の実現」が有力であると考える。以下では、この2点について前述のロジックの三角形を用いて説明する。

図8 資格手当支給に関する承認のロジックの三角形

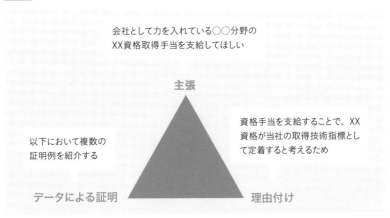

資格手当承認のロジックの三角形

データによる証明については以下に解説する。

例1：法律やガイドラインで証明

経済産業省がガイドラインとして定めているITスキル標準 (ITSS) によると、○○分野の技術取得としてXX資格の取得を推奨している。当社はITエンジニア育成をITSSを基準に推進しており、○○分野に力を入れている当社としては、XX資格の取得を推奨すべきである。そこで、より多くの社員が、○○資格を取得できるように○○資格の資格手当の実施を提案する。

例2：他社の実績で証明

●●資格のWebサイトの資格手当支給企業一覧表に、主要なIT企業及び競合企業が掲載されている。これは●●分野において●●資格を取得していることが標準的な認識になってきていることの表れである。当社においても●●資格の取得を推進するべく、資格手当の支給を提案する。

例3：調査データによる証明

△△サービスの顧客満足度調査によると、一部の技術スタッフの技術力に不満を持っている顧客が●％存在していることがわかる。当社としても△△サービスの根幹的技術を担う●●資格の取得を推進し、全体的な技術スタッフの底上げを図りたいと考える。

予算を決めておく

資格手当の稟議を上げる際は、いくらくらいが妥当であるかという**金額感**と**年間の取得予想数による予算総額**の申請が必要になるだろう。ネットで調べると各資格の手当相場も出ているため、参考にしよう。また、取得予想数による予算額の申請だが、対象部門の対象エンジニア全員で予算申請することが多い。予算は消化が少ない分にはあまり問題にはならないが、超えると処理に苦労する。よって予算は多めに申請するのが良い。

定点調査を使用する

　経営者にとって顧客の反応はとても気になる部分であり、顧客満足度調査の結果から出た大きな課題に対する解決であれば予算が付きやすい。一方で一回の調査では、その結果がよいか悪いかも分かりにくいことが多い。そこで、**顧客満足度調査は定点観測的に**調査を行うことが多い。毎年同じ月に行い、その期間でとった対策が効果を出しているか調査するのだ。

　経験則になるが、設問の仕方や、設問の順番を変えるだけで結果が変わっていく。つまり定点観測的な調査を行う場合、基本的な設問は全く変えずに行ったほうがより正確な数値が取れると考える。通常このような調査はマーケティング部門が行うことが多いのだが、経験値が高いマーケッターは、ある程度調査結果を操作するくらいの設問のチューニングは簡単にできるので、顧客満足度調査は技術部門もプロジェクトに参加したほうがよいケースもある（マーケティング部門だけに任せないほうが正確な数字が取れることもある）。

ちょっとしたテクニック　〜他社情報に触れる〜
　今回の例に限らないが、日本の企業は右にならえの傾向が強い。同業他社や自社より大きな企業が採用していると安心して、同じような企画が採用されやすい。かといって企画のメインロジックに「A社が採用しているからメリットが出るはずです」と書くと「A社とうちは違うだろう」と上長から突っ込まれるだろう。メインロジックをデータで固めておいて、最後の一押しに「A社も採用し、同様の効果が出ている模様です」と書くと、すんなり通ることが多い。

8 | 例6 「採用ブランド向上委員会発足の 承認を得る」

　特に近年は仕事の多様化が進んでおり、労働者側もさまざまな働き方の選択肢がある、特に優秀なプログラマーは会社に属さない働き方を選んでも十分食べていける世の中である。会社とプログラマーの接点が希薄だと転職しやすい若手から離職率が上がり、社員の平均年齢が上昇していくこともある。若手が抜けてしまい、会社の大半が40歳以上になってしまった会社にはなかなか若者が入社しにくいのである。

　そうなる前に手を打っておく必要があるケースもある。今回例として挙げる「採用ブランド向上委員会」は経営層や管理職、若手社員が「自社の採用ブランドを向上させるために何をするべきか」について意見交換を行い、採用活動を効果的に行うための全社横断的なプロジェクト組織である。特に持ち出しのコストが発生するわけではない。多くの場合は管理職クラスがこの手の企画をすることが多い。若手からこの手の企画が上がると、よほどのことがなければ採用されるような気もする。例6においては、「採用ブランド向上委員会」発足の起案の例として、簡単なロジックを紹介してみる。

採用ブランド向上委員会承認のロジックの三角形

　ここでもロジックの三角形を使って、「採用ブランド向上委員会の承認を得る」について説明してみる。今回の命題では以下のようなロジックの三角形が成り立つのではないだろうか。データの証明方法はいくつかパターンがあるので、参考にしてほしい。

図9 ブランド向上委員会を起ち上げるためのロジックの三角形

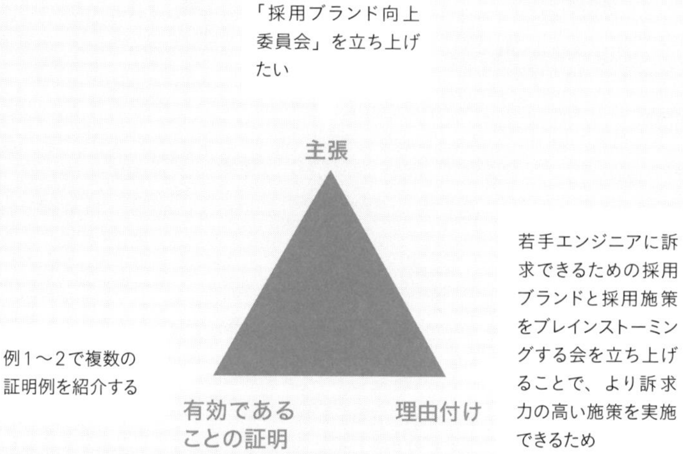

「採用ブランド向上
委員会」を立ち上げ
たい

主張

若手エンジニアに訴
求できるための採用
ブランドと採用施策
をブレインストーミン
グする会を立ち上げ
ることで、より訴求
力の高い施策を実施
できるため

例1〜2で複数の
証明例を紹介する

有効である
ことの証明　　　　理由付け

データによる証明については以下に解説する。

例1：他社の実績で証明

　同業のA社では「採用ブランド向上委員会」を立ち上げ、広告や採用セミナーの投資対効果が向上していると聞いている。実際に、A社の採用セミナーは、数年前まで参加者が毎回一桁だったのに対して、この1年間の集客実績を調べてみると、毎回20名から30名の集客を実現している。当社でも試験的に実施し、その効果を探りたく、本案を起案する。

例2：自社データでの証明

　自社の採用セミナーのアンケートを見ると、参加者の満足度が5段階中2であり採用セミナーの企画が参加者に刺さっていないことがわかる。また、採用広告のクリック率も他社と比べ半分以下であると広告代理店から報告を受けており、採用施策を抜本的に改定する必要がある。そこで、採用対象である若手エンジニアを交えた採用ブランド向上委員会を立ち上げ、新しいアイディアを募りたいと考える。

第**7**章

決裁者の視点で考えよう

Introduction

決裁者（自分のポジションの一つ上のポジション）の視点で見てみよう

　前章では企画が採用されるメカニズムを、ロジックの三角形を例に挙げて説明した。前章では起案者寄りの解説をしたが、ここではその企画を採用する立場である決裁者の感覚を鳥瞰マップを使って紹介する。どんなにいい企画も決裁者に刺さらなければ採用されない。企画がうまい人はこの感覚をよく知っているものだ。あくまで一例とはなるが、部下の申請を見て決裁者がどんなことを思うかを解説していく。その決裁者が思いそうなことを理解して、鳥瞰力の理解を深めてほしい。そして企画を考える時に、この章の内容を思い出しながら書くとより採用されやすいと思う。「ふーん、決裁者はこんな風に考えているんだ」とななめ読みしてもらう感じで良い。賛否あるだろうが、読者が決裁者になった時に共感することも多いはずだ。ここで紹介する例は前項と同じ例を使って、決裁者が思うことをまとめてみた。是非参考にしてほしい。

　また、各例には理解しやすいように申請書のサンプルも記載している。どの申請書もどの会社でも使われていそうな汎用的なものを記載しているので、決裁者が何を感じているかも理解しやすいはずだ。

　　例１：外部研修の申請を見て決裁者が思うこと
　　例２：人材採用の申請を見て決裁者が思うこと
　　例３：採用広告の申請を見て決裁者が思うこと
　　例４：採用セミナーの稟議を見て決裁者が思うこと
　　例５：資格手当を支給の申請を見て決裁者が思うこと
　　例６：採用ブランドを向上委員会発足の承認を得る

1 | 例1 外部研修の申請を見て決裁者が思うこと

第6章例1（81ページ参照）で触れた外部研修の申請書を例として見てみよう。

件名：Pythonの外部研修受講の申請
申請者：技術部　山田太郎

申請内容：技術部でPythonのエンジニアを2名育成する必要があり、短期間での技術取得を実施するべく外部研修の受講を申請します。

・受講期間：2019年●月●日〜2か月の期間
・受講者：山田太郎、川田次郎
・受講コース：Python基礎プログラミング（5日間）、Python応用プログラミング（10日間）
　　※受講前提、到達目標、コースカリキュラムは別紙参照
・コース提供スクール：Pythonアカデミージャパン
・総額（外税）：150万円（1人当たり75万円）
・効果測定：Python3エンジニア認定基礎試験の合格をもって習熟テストとする
・受講理由：Pythonの習得にはPythonic（Pythonのプログラミング作法）の理解が前提であり、Pythonicは独学では学べにくく、短期間での技術習得が必要であるため

上記の申請を見た時の決裁者のよくある反応を以下の鳥瞰マップにまとめてみる（図1）。

図1 外部研修の申請に対する決裁者の視点

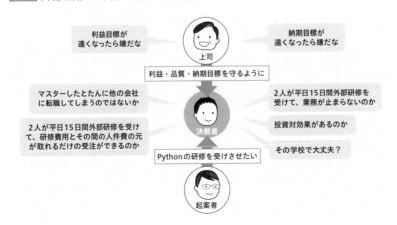

決裁者のマインドをもつには

　実際に上記のような反応をすることが多い。結局、決裁者は費やしたお金と時間で元が取れるのが気になるのだ。しかし得られる効果がまとめられていれば、決裁者も安心して採用できるだろう。

　決裁者のマインドをたやすく想像したいなら、予算申請する金額を自分の貯金から払うことを想像しながら企画を書いてみるという方法がある。この方法はマーケティングコンサルタントとして活動している私もよく行う。自分だったらこの金額を投資するかどうか相手の身になって考えることで、現実的に効果が出る企画書になりやすい。

　企画書がいったん書けたら、「本当にこれで効果が出るのか？」「投資金額と時間は回収できるのか？」「今やるべきなのか？」などと自問自答しながらチェックしてみよう。

　上長から企画作成を言い渡され、だらだらと適当な企画を書いていると、当然甘々な結果になる。そんな企画を実行しても成果が出るわけもなく、企画者の信頼が落ちるだけだ。ダメな企画は検討から実行まで、携わった人全員の時間と、会社のお金を無駄にする。

　しかし良い企画であれば、携わった人全員の時間と、会社のお金を有効活用でき、それ以上の成果が出る。そして、その成果が基盤となって、次のチャンスを生むのだ。企画を作る時は上司が感じる投資対効果、実行の可能性をよくイメージして作り、企画というチャンスを生かして、本当に効果が出るように仕上げてほしい。

＜本申請の総評＞

　この申請を見た上長は申請内容もロジックも理解できると思う。ただ、本音で言えば、「一人75万円は正直痛い」と思うだろう。研修コースの案を松竹梅の3種類添付し、上長に選んでもらう方が、予算状況に合わせた採用がされるはずだ。

決裁者の視点① 詳しくない上司の疑問に答える

　本末転倒な話でもあるが、多くの企画者が行っているちょっとしたテクニックとして、**あらかじめ質問させるポイント**を作り、質問を受け、回答することで安心感を醸し出すという方法がある。

　例えば、最初に提出する資料をロジックとデータで完璧に固めて提出すると、質問が細かくなり、藪蛇になることがある。上長にもよるが、企画書を提出して説明して、質問に回答できないと、出し直しになることがある。もちろんそういう上司ばかりではないが、ある一定数存在している上司のパターンである。そういう上司の場合、完璧に資料を用意すると、質問が細かくなり、それに回答しても、より細かい質問が増え、最後には回答できず、出し直しになる。

　こういう上司に対しては、切れ味よくスパッと回答しないと、質問が続く傾向がある。切れ味よく回答しやすいのは言うまでもなく、比較的浅い質問の時だ。それゆえに、あらかじめ、質問しやすい場所を作っておくのだ。ただし、その質問させる場所がロジックの基本部分だと、企画書としてロジックエラーがあるということで、企画の出し直しになってしまう。そこで、一見気が付かないような質問ポイントを作っておいたりするのだ。今回の申請の例の場合、「スクールの実績」や「(上長が評価していない対象者について) 本当に習得できるのか」「Pythonicを知らなくてもいいんじゃないか」などは企画の基本ロジックには関係がない、気になる点であるのだ。この辺りをあらかじめ資料でまとめておくと、スパッと回答できるので、上長は「あぁ、こいつに任せても大丈夫だな」と感じるのだ。このようなやり取りで採用が決まることが多い。企画は実は企画書だけでなく、**だれが企画したか、だれが実行するのか**という二つの要素がとても重要で、決裁者は質問のやり取りをしながらそれを見極めているのだ。

2 | 例2 人材採用の申請を見て決裁者が思うこと

第6章例2（85ページ参照）で触れた人材採用の申請を例として紹介してみる。

件名：PHPエンジニア2名採用の件
申請者：技術部　山田太郎

申請内容：
案件増加に伴い、保守人員としての2名のPHPエンジニアの増員が必要である。
現在の在籍メンバーの月間の平均残業時間が45時間を超えており、これ以上超える場合は
36協定違反となるため、2名の採用を申請します。

上記の申請を見た時の決裁者のよくある反応を以下の鳥瞰マップにまとめてみる（図2）。

図2 人材採用に関する決裁者の視点

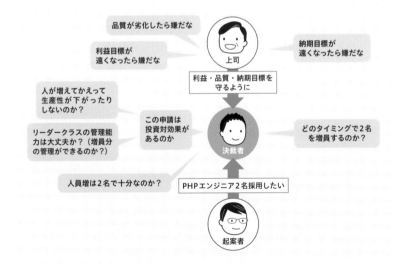

さて、多くの企業では、現場の技術部門が人員採用の申請をしても、実際の採用活動は、人事部門か採用マーケティングを担う部門が行う。その際、上記の鳥観図にあるような質問が出やすいのでその回答のための参考情報を以下で紹介する。参考にしてほしい。

＜本申請の総評＞

　本申請を見て上長は、36協定違反なので、作業を減らすか、人を増やす必要があることは理解すると思う。しかし、二人の増員が適正かどうかわからないため、「二人が必要である理由を説明してほしい」と稟議差戻になるはずだ。超過している時間を明記し、それを規定時間以内にするための必要人員数について補足する必要がある。詳しくは、次の決裁者の視点①を読んでほしい。

決裁者の視点①　投資対効果　〜妥当性を計算しよう〜

　決裁者がこの申請書を見てまず思うのは、「すでに既定の残業時間を超えているのはわかった。でも増員は2名が妥当かどうかがわからない」ということだろう。既存顧客の案件増加によって、全体でどれくらい労働時間が増え、それによって、何人エンジニアが必要なのかをまとめた計算式が必要なのだ。さらに2名を増員したときにどれくらいコストが増えて、それ

ちょっとしたテクニック
「本当に採用できるのか？」や「採用にどれくらいコストがかかってペイできるのか？」という疑問は決裁者側の頭には当然浮かぶのだが、ここでは話がぶれるのでそこには触れないおこう。ただ、実戦で、もし良いアイディアがある場合は、補足として書いておくとよいだろう。人材難の時は良い人材を採用するどころか、普通の人材を採用するのも難しいことがある。しかも、採用広告は掛け捨てなので、1000万円の広告をかけても、1名も採用できないことだってありうるのだ。決裁者は常に投資対効果を考えているので、実際の企画書で書ける場合は別添で書くとよいだろう。

でも儲かるかどうかが書いていないと、判断は難しいはずだ。実際に、さらに赤字になることだってあるのだ。

　例えば、来期の既存顧客の案件増により、年間で〇〇〇万円の売り上げ増が見込めるが、年間の労働時間として●●●時間の増加が見込まれる。現在の人員では開発する余力がないため、年収●●●万円の人材を2名増員することで対応でき、年間で〇〇〇万円の利益が見込まれる。といった計算式がかかれていると、一目で投資対効果が見え、採用承認が得られるはずだ。

決裁者の視点②　投資対効果　〜実績を添付しよう〜

　普段面倒見がよくないと思われている組織や、リーダーシップが強くないと思われている組織で人を採用しようという起案が出てくると、決裁者は「人を入れて大丈夫か？」と思うものだ。人が増えて、うまく吸収できないと、前よりも効率が悪くなることなんてよくあるからだ。それによって人が辞めてしまうこともある。決裁者は自分が直接管理しない人材が増えることを、より一層不安に思うものだ。そこで、実際に新メンバーを担当する社員のプロフィールとメンバーケアの実績を添付するだけで、企画が通りやすくなるものだ。ただし、その新メンバーを担当する社員と決裁者の仲が悪い時は、かえって企画が通らなくなることもあるので、気を付けたほうがいい。ビジネスにおいては私情を挟まないのが原則ではある。しかし仲が悪い者同士はお互いに信頼していないことが多く、企画書に不信感を抱かせることになるのでやめておくべきだ。

決裁者の視点③　外注か内製か　〜他の選択肢と比較してみる〜

　すごくシンプルな話だが、仮に2名増員で利益が出る証明ができた場合、社員で増員する場合と外注で対応する二つの選択肢が存在する。外注の場合、社会保険料金などの支払いもないため、外注のほうが利益が出る場合もあるのだ。申請書に、外注と比べて採用の方が利益が出る計算式や、来々期も案件が拡大し、社員を増員した方が中期的にも利益が出ることを記載した方が良い。

3 | 例3 採用広告の申請を見て決裁者が思うこと

第6章例3（89ページ参照）で触れた採用広告の申請を例として紹介してみる。

> 件名：採用広告実施の申請
> 申請者：技術部　山田太郎
> 申請内容：
> 既存案件増加に伴い、保守人員としての2名のPHPエンジニアの増員が必要である。
> 現状ではWebサイトからの応募はほとんど期待できないため、採用広告を50万円投資し、面接希望者を10名獲得したいと考える。その10名から良い人材を2名以上採用したいと考える。提案を頂いている広告代理店の過去のデータによると、当社と同じ業界で同規模の企業の広告平均的な面接獲得数が50万円の広告に対して10名であるため、今回の案を採用した場合も同程度の成果が得られると考える。

上記の申請を見た時の決裁者のよくある反応を図3の鳥観図にまとめてみる。

図3 採用広告の申請に関する決裁者の視点

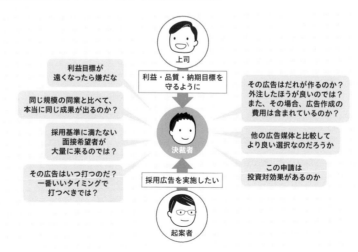

皆さんが申請した時に図3のような質問が出ることが多いだろう。上記のような質問が来た時にどのように回答するか、あらかじめ資料として用意するか、口頭で即答できるように準備をしておいてほしい。

＜本申請書の総評＞
本申請書だが、2名の技術者増員が妥当であることを前提に言えば、ロジックは理解できる。ただ、具体的な採用広告のイメージがもう少し記載されていると、より一発採用されやすいと考える。広告はその内容によって効果に大きな差が出るからだ。

決裁者の視点① 知名度の近い同業者との比較

　知名度がない会社ほど広告に頼ろうとするが、知名度が低いと効果も出にくい。ただ、広告代理店が同規模同業の社名を挙げて「ライバル会社ではこのくらい効果がありましたので」と広告効果の数字と出稿提案をしてきたらどうだろうか。もし、その会社名を検索エンジンの「ニュース欄」で検索したり、Webページの更新情報を見て1年以内に掲載されたニュースが自社と同じくらいの量であれば、知名度が同等に近いと考えてよい。Webページの更新量も同じくらいであれば、勢いも同じくらいかもしれない。であれば、広告効果も同じように出るかもしれない。自社と同程度の知名度や露出度の企業の比較資料が添付できると、企画書の説得力が増すので、そのような資料を添付すると良い。

決裁者の視点② ほしい人材を集める

　エンジニアの採用広告あるある話だが、「未経験者優遇」など間口を広げた広告を出せば、応募者数は増えるが、対象外の応募も増えるのだ。しかし絞り過ぎて応募者がゼロだとそれはそれで問題である。企画書においては決裁者が欲しいと思った人材を集められなければ、失敗なのだ。少しでもターゲットに近い人材を獲得するために、採用広告で伝えるべき価値を添付すると、企画が理解しやすくなり、また実行時にぶれなくなるので、成功しやすくなる。このような記載が企画書に記載されているとより

明確になり、採用されやすくなるはずだ。ターゲットに伝えるべき内容の例を以下に記載するので参考にしてほしい。

伝えるべき会社の価値
- 学習・研修環境の充実度
- スキルマップ（成長シナリオ）の明確さ
- 成長できる仕事がある
- 上級エンジニアが指導してくれる環境がある など

上記は一例だが、欲しい人材のプロファイルの裏返しとなる会社の価値を明記している。これはちょっとしたノウハウである。ほしい人材が目指すこと＝その会社の価値にならないと、ほしい人材が来るはずもないのだ。上記の例で話をすれば、勉強熱心で、向上心がある人材が欲しい！といくら言ってみても、その会社に学習できる環境も研修制度もなくて、本を渡して「分からなかったら聞いてね」という対応の会社にそんな人材が応募するはずもないのだ。会社がスキルマップを提示できなかったり、会社自体が成長していない場合は、その会社に向上心がある人材が応募してくるはずもないのだ。ほしい人材の先を進んだ会社経営を実現しないとほしい人材も得られないということだ。もし、前述のように足りない部分があれば、採用活動をする前に自社の改善も考えるべきと思う。

決裁者の視点③　採用広告にシーズンはあるのか

採用広告の企画を決裁者が見た時に「今ってタイミングなの？」と思うはずだ。難しいことを言えば、すべてのマーケティング活動は対象となるプロファイルによって全く違ってくる。転職を考えている人を対象とする際は、ある程度逆算でシーズンが決まる。割とある話だが、ボーナスもらって辞表を出す人は多い。12月にボーナスをもらう場合、その前に行き先を決めておくはずだ。11月あたりに転職先が決まる感じだろうか。その前に1次面接や二次面接、最終面接があり、さらにその前に書類選考や応募というのがあることを考えると8月や9月あたりに採用広告を出すのが良いというのがわかる。前のボーナスもらったばっかりじゃん！と思う人もいるかと思うが、そもそもやめようと思う人のきっかけに、ボーナスの安さもある。

ボーナスをもらってがっかりして転職先を探す感じだ。あと8月というのはお盆があるので実家に帰る人も多い。実家に帰って、「そろそろちゃんとした会社ではたらいてみらどう？」とか「もう少し給与がいいところに行ったほうがいいんじゃない？」「そろそろ結婚したら？　そのためには給与が多いところに行ってみては？」なんて言う話はよくあるのだ。人間関係でやめる人もいるが、給与がきっかけの人ももちろんいる。採用関係の広告営業に聞けば、採用広告にはシーズンはないと言うだろう。それは1年中営業をしたいからそう言うのであって、実際には山がある。毎月出し続けれてみればわかることだ。採用広告を出す適切なタイミングを企画書に明記しておくと、決裁者から「わかってるな」と認識され、より企画の信頼度が増すため、採用されやすくなる。万が一、採用広告のタイミングに関する考え方が決裁者と違っていた場合でも、タイミングを意識した企画者として認識されるため、素直に決裁者の意見を取り入れることで企画が一歩進むことが多い。

決裁者の視点④　採用広告の流行

　決裁者によって採用広告の企画を見た感想はまちまちである。古くから存在する王道的な採用広告を評価する決裁者もいれば、「たまには新しいことをやってみようよ」と思う決裁者もいる。過去の経験でいえば「少額で試してみたい」という文言は企画書において効果的である。「やってみないと分からない」と思っている決裁者が多いからだ。企画の内容がSNSなどを活用した最新の採用広告手法である場合、従来の採用広告との比較表を添付して、提案するのは効果的である。

　話は脱線するが、採用広告の企画を考える読者には、SNSを活用した採用広告もぜひ検討してほしい。リクルーティング系のメディアと連動したスカウトメール系の採用広告は王道で効果が出る企業も多いが、一人当たりの採用広告投資が平均で70万円から80万円になることが多い。一方でSNSを使った採用広告のコストは、一人当たり数万円で収まることも多い。SNS広告に数万も掛ける人はあまりいないので、目立っていないが、興味がある方は試してみると良い。ターゲットもかなり絞れるため、投資対効果が高くなりやすいのだ。

ちょっとしたテクニック〜他社のやり方を見る〜

　他社のやり方は絶対に研究するべきだ。著作権物を真似すると、法的な問題に発展することもあるのでNGだが、アプローチの仕方ややり方を研究するのは大いにありだ。例えば、採用が得意なA社があるとする。その会社と同じくらいの採用力を出そうと思った場合、一番有効な方法はA社のやり方を研究して、さらに良い勝ちパターンを自社で作ることだ。

　今の時代、ネットで調べたら何でも出てくる。目標とする会社が何をやっているかも全部調べられるのだ。比較表を作って、同じレベルのコンテンツを同じ頻度で発信していけば、必ずその差は埋まる。ここで重要なアドバイスをする。同じことをやってみたほうがいい。自分なりのアレンジは後回しでいい。なぜなら、目標とするような会社は、あなたの会社より先を進んでいるのだ。つまりノウハウのレベルも高いのだ。

　ノウハウのレベルが低い会社がノウハウの高い会社のアイディアをアレンジしても劣化する可能性が高い。まずは同じことをやってみて、そのレビューを行ってから、アレンジしたほうが、その目標とする会社のノウハウを素直に体験できるので、お勧めである。ちなみにこの比較表の作り方が企画者としてのセンスになる。表の作り方の基本は、まず情報発信の種類と発信先の対象ごとにカテゴリを分けて、その頻度をチェックする。そしてその情報量と品質も見てみる。そして自社と比べてみるとその差がわかる。それは、情報発信を行えるだけの何らかの基盤や組織力の差であることが多い。この差に気が付き始めると、企画で会社を動かす方法も見えてくるものだ。この会社の動かし方は本書の第4編の実際の企画書の紹介で説明する。

4

例4
採用セミナーの稟議を見て
決裁者が思うこと

第6章例4（92ページ参照）で触れた採用セミナーの申請を例として紹介してみる。

件名：採用セミナー開催の申請
申請者：技術部　山田太郎
申請内容：
採用セミナーを開催し、30名の参加者を得て、そこから5名の面接希望者を獲得したいと考えます。採用セミナーは一度に多くの転職希望者にプレゼンテーションできるため、有効であると考えます。セミナーの開催概要及びプログラム、予算案は以下の通りです。

＜開催概要＞
開催予定日時：●●年●月●日●時から2時間程度
開催予定場所：●●セミナールーム
主催：弊社
対象：PHPプログラミング3年以上の経験者で転職を考えている方

＜プログラム概要＞
1.　　　外部講師：XXX氏によるPHP市場動向とエンジニアのキャリア（60分）
2.　　　弊社講師による、会社紹介と職場環境、募集要項（30分）
3.　　　QA（15分）

＜予算案＞
・外部講師代：●万円
・会場代；●万円
・広告費：●万円
（広告媒体：XXX、XXXXなどを想定

上記の申請書を見た決裁者のよくある反応を以下の鳥観図にまとめてみる（図4）。

図4 採用広告の申請に対する決裁者の視点

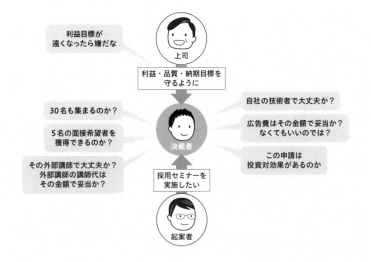

　申請を作る時には上記の鳥観図をイメージしてほしい。

　実際は上記の鳥観図にあるような質問が出ることが多いので、その回答のための参考情報を以下で紹介する。参考にしてほしい。

＜本申請書の総評＞

本申請だが、集客目標達成の見込みについて一言書いてあれば採用される確率はとても高くなる。例えば、「他のセミナーで常に100名以上集客している●●講師を招くため、30名の集客を実現できると考えています。」などがあると良い。

決裁者の視点①　30人も集まるのか

　採用セミナーの企画を目にした決裁者反応で多いのが「人が集まるのか？」である。実際にいろいろな会社を見てみるとセミナー集客に苦労している会社は多い。それ故に、高い確率で集客が実現できることを企画書に明記しておくと採用されやすくなるのだ。ちなみに30名の会場を満席に

するには、ドタキャンする歩留まりを考えて40名から50名程度の申込を確保する必要がある。つまり、30名集客のセミナー企画には、40名から50名の申込者を確保できるロジックが必要になるということだ。以下では、企画書に記載する集客ロジックの例を紹介する。

<集客方法>
　本企画では、以下の方法で40名の申込を獲得し、会場30席をほぼ満席にしたいと考えています。
- Facebook広告　2万円（目標申込数　20名）
- メディア広告　15万円（目標申込数　15名）
- 自社Web掲載による自然増（目標申込数　5名）
　※ 上記の目標申込数は過去の実績による概算値である。
　※ 目標に満たない場合は、Facebook広告を追加投資し、不足分を補うことを想定（最大追加予算3万円程度）

　上記のような集客方法が書かれていると、企画書に現実味が帯びてくる。また、目標数値が過去の実績にもとづいていると、企画の信頼性も増すので採用されやすい。

決裁者の視点②　面接希望者が獲得できるか

　採用セミナーの企画で決裁者が次に思うのが、「セミナーに人が来ても応募はあるの？」ということだ。ターゲットとなる人材が面接を希望しない場合、採用セミナーとしては失敗と言わざるを得ない。そこで、ターゲットとなる人材が面接に応募してくるロジックを企画書に明記する必要が出てくる。以下で紹介するような面接希望者を集める方法が記載されていると、企画の成功ロジックが見えるため、ぐっと採用されやすくなる。是非参考にしてほしい。

　面接希望者の集め方にもいろいろあるが、セミナー終了後に面談の希望日を調整した人に何らかの景品を渡したり、エントリーシートと引き換えに、何らかの景品をプレゼントするというのは大いにありである。「景品で

興味を引いて、いい人材が応募するのか！？」と思う人もいるかもしれない。ただし、若手エンジニアが対象の採用セミナーの場合、景品を用意すると効果が出やすい。どういうことかというと、最近の若手エンジニアは自分から応募するのを好まない人が多いと思う。応募してうまくいかないとカッコが付かないという気持ちがあるのかもしれないが、景品などを用意すると、別の目的ができるので応募しやすくなるようだ。また景品を書籍などの独学用の教材にすることで、自ら勉強する人が集まりやすくなる。このように景品の内容で、応募する人をある程度選ぶことができるのでこの点も参考にしてほしい。

決裁者の視点③　外部講師の委託理由について

　外部講師を委託する場合、企画書に以下のような理由を記載すると採用されやすくなるので、参考にしてほしい。採用セミナーの企画を決裁者が見た時に最初に思うのは「人が来るのか？」と「応募があるのか？」である。実は外部講師で集客力がある人を招くと、この二点をある程度解決できるのだ。よって、企画書に以下のような外部講師を招く理由を記載すると、採用されやすくなるのだ。

- 集客力がある外部講師を招くと、過去の他の講演実績からおおよその集客見込み数が読める
- 集客力がある外部講師を招くと、主催者である会社の信頼性も上がるので、間接的に応募率も上がる。

決裁者の視点④　最も効果が出る広告

　セミナーを自社のWebとメルマガで告知して集客おしまいという会社もあるが、既存顧客向けのセミナーであればそれもよい。しかし、今回のような採用セミナーの場合は新規のリーチが必要になるので、広告は必須だと考える。広告は必ず採用セミナーの企画に盛り込んでほしい内容である。ただし、広告は外れると、まったく効果が出ないので、効果がある広告を選択する必要がある。また、効果がある広告は年単位で変わっていくので、

常に効果が出る広告をチェックして、その時代で一番効果があるものを企画書に記載してほしい。では次に、いつの時代でも通用する、効果がでる広告手法を選ぶ奥義を伝える。同じ業界で儲かっている会社や、セミナー上手な会社が集客中のセミナーをネット検索してみよう。検索結果を見れば大体どんな集客をしているかがわかるはずだ（コツ：開催日数日前に検索すると一番よく見える）。仮に、SNSで広告を打っている場合、SNS上の投稿がヒットするはずだ。その投稿の前後の投稿と比較して、不自然にいいねが多い場合などはSNS広告を使用している可能性がある。また、その会社のSNSアカウントをフォローしていると、その会社のマーケティングのやり方がわかるので、その手法を参考にするとよいのだ。その結果も是非、企画書に添付してほしい。その企画がうまくいく可能性を決裁者が理解しやすくなるはずだ。

決裁者の視点⑤　開催日

　採用セミナーの企画を見た時に決裁者は「この日程で適切なのか」とも思う。採用セミナーの企画書にはその開催日程が適切であることを一言触れておくと、企画が成功しやすく見えるので、おすすめである。

　シンプルな話だが、採用セミナーは土日開催がお勧めである。土日に学びのあるキャリアセミナーを開催した場合、土日にわざわざ学びに来るので勉強熱心な人材や勤勉な人材が集まりやすい。また、平日開催の場合、平日の夜19時から19時30分に開始することが多いが、残業を1時間してしまうと、遅刻してしまうこともある。セミナーの対象がエンジニアである場合、エンジニアはチームで仕事をしていることが多いので、一線で働いているエンジニアは19時や19時半開始のセミナーに参加するのは難しい。参加できても晩御飯を食べられないのである。一方で20時や20時30分からの開始になると、2時間セミナーの場合、Q＆A込みでセミナー会場退出時間が22時30分や23時になるので、運営上それは厳しい。それゆえに勉強熱心で勤勉な人や一線で働いている人を集める場合は土日開催が良いと思うのだ。主催者の就業規則上難しい場合もあるが、採用セミナーで成功させたいと思うのであれば考えてほしいところだ。

5

例5
資格手当を支給の申請を見て決裁者が思うこと

6章例5（96ページ参照）で触れた部下からの資格手当支給要請の申請を見て決裁者が感じることを紹介する。

件名：資格手当支給要請の件
申請者：技術部　山田太郎

申請内容：
会社としても重点育成技術として指定されているPythonについて、一般社団法人Pythonエンジニア育成推進協会が運営しているPython3エンジニア認定基礎試験の合格者に資格手当を支給いただきたく、申請いたします。支給金額は他のエントリー資格と同程度である●万円が妥当であると考えます。今後3年間で約500名の育成を考えており、その意識付けに資格手当を採用いただきたく、宜しくお願いいたします。

<Python3エンジニア認定基礎試験概要>
◆試験概要
試験名：Python3 エンジニア認定基礎試験
概要：文法基礎を問う試験
問題数：40問（すべて選択問題）
試験時間：60分
合格ライン：正答率70%
受験料金：1万円（外税）

この申請書を受けて、決裁者は図5の鳥観図のようなことを思うだろう。

前述の疑問は多くの決裁者で感じる内容なので、事前に申請書に説得材料を用意しておいてほしい。

繰り返しになるが、一番決裁者が気にすることは投資対効果である。資格手当の採用で投資対効果を証明するのはちょっとだけ難しさがある。なぜかというと、500名という育成の効果（リターン）が、売り上げに対する間接的な効果だからである。

図5 資格手当の支給申請に対する決裁者の視点

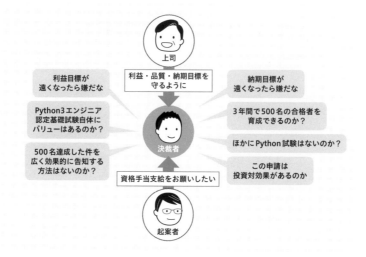

＜本申請書の総評＞

試験がメジャーであったり、ほかの会社でも資格手当が標準的に承認されていることが書かれていると採用されやすくなるはずだ。資格はメジャーであってこそ、取得者の信用になり、理解度のメジャメントとして機能する。Python3エンジニア認定基礎試験は開始2年で5千名の受験者を得て、日経xTECH調査「今取るべき資格」3位に選ばれた急成長のメジャーな資格である（2020年1月現在）。

決裁者の視点① 資格手当の投資対効果はあるのか？

この企画を見て決裁者は率直に「この資格手当に投資対効果があるのか？」と思う。すべての企画において投資対効果は必要なのだ。

資格手当を採用する多くの企業は、自社がその分野において技術力があることをアピールするために支給を決済する。何名合格者を輩出するかは、決裁者の考えに依存することが多い。何人が合格すればその分野で強いといえるかを考えて、記載すると良い。決裁者が違う意見を持っている場合、訂正が入るはずで、それをもとに再検討し、再申請すれば、その企画は採用されやすいはずだ。

6

例6

採用ブランド向上委員会発足の
申請書を見て決裁者が思うこと

　6章例6（99ページ参照）で触れた部下からの採用ブランド向上委員会
発足の申請書を見て決裁者が感じることを紹介する。企画書を書くときに
大事な提案を受ける側の心理をのぞいてみよう。

件名：採用ブランド向上委員会発足の申請
申請者：技術部　山田太郎

申請内容：若手エンジニアに訴求できる採用ブランドと採用施策を模索する、採用ブランド
向上委員会を立ち上げることを申請します。

目的：採用担当者と重点採用対象である若手エンジニアで採用ブランドと採用施策を定期的
に意見交換することで、より訴求力の高い採用施策を模索することを目的とします。

参加メンバー
人事部　課長　川谷卓也
マーケティング部　課長　山川一郎
技術部　課長　森田忠、山田太郎、吉谷伸太郎

開催周期：毎月第三金曜日16時から2時間程度

実施内容：
第一回：採用ブランドについての課題と解決案
（議長：人事部　課長　川谷卓也、アイスブレイカー：山田太郎）
第二回：採用施策についての課題と解決案
（議長：人事部　課長　川谷卓也、アイスブレイカー：山田太郎）
第三回：採用ブランド改善実施案の策定
（議長：人事部　課長　川谷卓也、アイスブレイカー：山田太郎）
第四回：採用施策改善実施案の策定
（議長：人事部　課長　川谷卓也、アイスブレイカー：山田太郎）
第五回：採用ブランド改善実施案の結果レビュー
（議長：人事部　課長　川谷卓也、アイスブレイカー：山田太郎）
第六回：採用施策改善実施案の結果レビュー
（議長：人事部　課長　川谷卓也、アイスブレイカー：山田太郎）
第七回：採用ブランド向上委員会第一期　報告書のまとめ
（議長：人事部　課長　川谷卓也、アイスブレイカー：山田太郎）
※第7回の報告書を部門長会議に人事部　課長　川谷卓也より報告予定
　開始時期：2020年4月から開始

上記の申請を見た時の決裁者のよくある反応をまとめると以下の鳥瞰マップになるだろう。

図5 ブランド向上委員会発足の申請に対する決裁者の視点

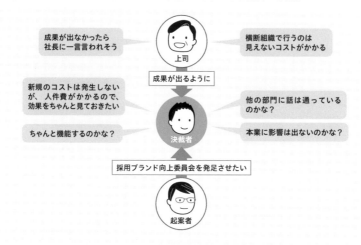

　申請書を見ると一見、新規のコストがかからないように見えるが、関連部門の課長が3名、毎月2時間拘束され、アイスブレイカー（たたき台としての案を最初に説明する人）の事前準備の時間もかかるため、実は見えないコスト（人件費）が発生している。また、メンバー構成は部門をまたがる横断的組織になるため、部門長会議での報告事項になる可能性もあり、ちゃんと成果が出ないと、決裁者の顔がつぶれる可能性もある。見えないコストと、ちゃんと形になるかどうかが気になるところではあるが、若手による、業務改善提案を管理職と現場で作るチームは若手の育成につながることも多く、採用されやすい申請である。

　＜本申請の総評＞
　本申請は目的、実施内容、メンバー、期日、実施後のフィードバックも書かれており、申請書としての基本が抑えられてある。事前に参加メンバーとその上司に話が通っていれば採用されやすい申請である。第一回目と第二回目のたたき台としての企画案が添付されており、その内容が的を射ていれば、より採用されやすくなる。

決裁者の視点① ちゃんと成果が出るのか

　前述した通り、横断的なプロジェクトチームは部門長会議での報告事項になりやすく、目立ちやすいので、成果が出る目算があるかどうかが決裁者としては気になるところだ。また、このような会議では、課題が出るだけで、具体的な案が出ず、課題を認識したことで「仕事をやった気になってしまう」ようなこともある。そのようなときに、的を射た企画がアイスブレイク用のたたき台として用意されていると、成果が出ることがある程度見えてくるのだ。

決裁者の視点② アイスブレイカーとしての山田太郎は適任なのか

　この先生の成果のカギを握るのは議長とアイスブレイカーの存在だ。特に会議を進めるたたき台を提出するアイスブレイカーの役割が重要なので、アイスブレイカーである山田太郎は大丈夫なのかと思うはずだ。その点でも、アイスブレイク用のたたき台を添付するのは採用を得るためにも重要である。

7 企画が通らないよくある理由 〜会社や部門の方針と重ねてみよう〜

　企画書や申請が通らない理由に会社や部門の方針と合致していないというのがある。会社は常に成長したいと思っているし、業績を上げたいと思っている。つまり、信頼がある社員が会社の方針に合致した方法で、売り上げに貢献する企画や申請があれば、基本、採用したいのだ。採用されない企画や申請は会社や部門の方針と合ってないことが割と多い。よくある方針のズレをまとめてみた。大きく分けると以下の3つではないだろうか。

1. 会社や部門の方針に対して間接的に関係があり、直接的ではない
2. 理論的には正しいが会社や部門の方針と乖離している
3. 会社や部門の目標数値に大きく届かない企画である

会社や部門の方針に対して間接的に関係があり、直接的ではない

　最初の「会社や部門の方針に対して間接的に関係があり、直接的ではない」は、例えば「今期、人材を30名増員して、新規案件を20件獲得し、売上20億円増を目指す」という部門の目標があったとする。目標値としては売上20億円増加が目標値であり、その中間指標が人材30名の獲得と、案件20件の獲得と設定されている。この状態で、「採用強化と案件獲得強化のために会社のブランドを上げましょう」という企画が出てくるとする。それがまさに直接的ではない企画なのだ。会社のブランドが上がれば、採用もやりやすくなり、案件も獲得しやすくなるのだが、それよりも会社や部門が欲しいのは、「どうやって採用を増やすのか」や「どうやって案件を獲得するか」のほうが直接的に欲しい企画なのである。いきなり企業ブランドの企画の話が起案されると、決済者が「その前にやることがあるのでは？」と思うのは当然であり、その企業ブランド向上案は先送りとなる。

理論的には正しいが会社や部門の方針と乖離している

　二番目の「理論的には正しいが会社や部門の方針と乖離している」については、例えば、先ほどと同じ「今期、人材を30名増員して、新規案件を20件獲得し、売上20億円増を目指す」という部門の目標があったとする。売り上げ目標を達成するための手段が人材獲得と案件獲得の二つである。この時、目標達成のための手段として「技術者30名と既存案件20件以上を持っている会社を買収しよう」という企画や「案件を40件獲得し、すべて外注に丸投げして20億円の売り上げ増を目指す」などという企画は同じ20億円の売り上げ増を目指しているが、やり方が大きく違うのである。やり方が違うと新しいリスクやコスト増を導いたりすることもある。企業のビジネスは連続的に実施していくので、やり方も会社や部の方針に合わせたほうがいい。例えば、会社を買収して売り上げを達成した場合、買収コストにより利益がさがる可能性もある。そして、買収された社員の退職などもある。さらに買収は見当が長期化することも多く、期日内に終了しないことも多い。リスクが増え、コストが増えるのだ。また、権限もより高次になるため、採用されない可能性は高い。

会社や部門の目標数値に届かない企画

　三番目の「会社や部門の目標数値に届かない企画」であるが、企画を実施しても、そもそも目標値に届かない場合、決裁者としては目標値に届く企画が欲しいので、保留になることが多い。実は決裁者はその上司と目標値で握っているので、その目標値を達成できる企画でないと、手間が増えたりリスクが増えるのだ。ただし、複数の企画の合わせ技で目標を達成することもあるので、保留の後に採用されることもある。

　ちなみに、常勝の企画者になるコツとして、試験的な実施＋追加予算という二段構えの企画を用意する手法がある。試験的な企画というのは仮説を立証するような企画である。この仮説が立証されるならば、あとは予算を追加すればするだけ伸びます、というような企画は経営者が好むのだ。なぜなら、リスクを最小限にしたうえで、利益を拡大する手法だからである。

ちょっとしたテクニック〜上司に期待値を聞いてみよう〜

部門の目標値は部門の会議などでも発表されるので、ほとんどの社員が自分の部門の目標値を知っている。しかし、その先の細分化された目標値を聞かされていないことが多い。例えば、A事業部の売り上げ目標が10億円だとすると、その内訳までを知らされておらず、仮に軽い気持ちで聞いたとしても「売れるだけ売ってきてほしい」と本気の回答をもらえないことも多い。ただし、ちゃんとした企画を提出した時に合わせて聞くと教えてくれることも多い。本気の提案には本気の回答がもらえるものなのだ。その時に上司の本音として、あるカテゴリでこれくらいはやりたいと思うといった目算が聞ける。これがわかれば、その目算値に合わせた企画に直せば企画がさらに一歩進むのだ。

鳥瞰力をつけるには：管理職の思考回路を知れば簡単

ここから、第7章を通して書いてきた鳥瞰力についてまとめてみる。最初に断言しておくが、企画は慣れてくると、企画の登場人物の思考回路の連鎖をイメージするだけで、企画の全体像や動き方があらかた想像できるようになる。

人間の思考は一見複雑のように見えるが、会社の中での思考や仕事に関連した思考はシンプルである。慣れてくると肩書きを見ただけで大体の思考回路が想像できるようになる。本章ではその感覚を理解してほしくて、上長がどう感じるかを説明してみた。勘が良い読者の皆様は、本章はある思考パターンをさまざまな角度で説明していることに気が付いたはずだ。この感覚こそ、鳥瞰する感覚なのだ。

それぞれの役職や部門によって若干は違うが、基本は以下のことを気にしながら決済をしていく（図6）。

上記が役職などの立場によってどう変わっていくかをまとめると以下になる（図7）。

図6 決裁者が気にすること

リスクが
ないかどうか

収益が
出るかどうか

会社・部門の方針に
あっているかどうか

他のタスクや
他の部門への影響が
出るかどうか

決裁者

図7 役職により、気にすることは変化する

取締役

部長

課長

・役職が上になればなるほど、会社の方針のことを意識
　するようになる

・役職が下になれば、部門の方針を意識するようになる

・役職が上になればなるほど、リスクを意識するように
　なる

・役職が上になればなるほど、金額感が大きくなるの
　で、収益が小さいと採用しない

・逆も真なりで、役職が下になればなるほど、金額感が
　小さくなるので、収益が大きすぎると決裁できない

・役職が部長や課長などの中間管理職は部門間調整が
　仕事として多いので、他部門への影響を考えがち

　簡単な組織図にすると図8のような感じになる。上記はあくまで例であ
るので、例外は当然ある。細かく説明しようと思えばいくらでも細かく説明
できる。しかし、組織が会社としての体をなしていてピラミッド構造であれ
ば、ざっくりこんな感じになるはずだ。

　鳥瞰の感覚を理解してもらうべく、簡単な会社全体の目標値分散と各管
理職が気にすることを図に書いて説明してみたが、いかがだろうか。企画
を立てるとき、この鳥観図を頭にイメージして、自分がやりたいことを実現

できるのは誰なのか、そして、その人が普段から何を気にしているのかをイメージして企画を作ると良い。

　つまり、鳥観図とは、「この企画を出したら、関係者が何を感じるのかをまとめた図」である（図9）。

図8 組織図をもとに、決裁者の考えをまとめる

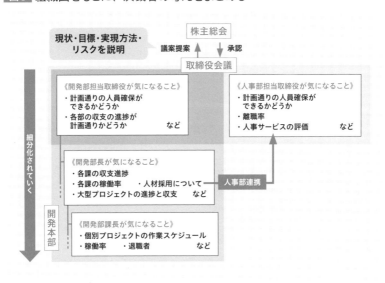

図9 関係者が何を感じるのかをまとめる

第8章

企画書の基本構成と
調整方法を知ろう

1 ロジックの三角形から企画の 4ステップシナリオを作る

　第6章と第7章でミニ企画書ともいえる社内申請書の例を見てきたはずなので、本物の企画書の骨子の説明を聞いても理解しやすいはずだ。ここでは具体的な企画書の書き方を説明する。具体的な書き方を説明する前に、ここまでのおさらいとして以下の2つを眺めてから読むとより理解しやすいはずだ。

おさらい：企画の基本はロジックの三角形で構成されている。

図1 ロジックの三角形のテンプレート

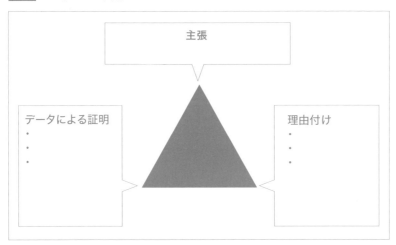

　実現したい主張があり、その主張を実現したメリット（理由）があり、その実現性をデータで証明するという三角形である。

おさらい：企画の基本シナリオは以下である。

　ステップ1：現状と課題（理由付けの裏返し）の作り方
　ステップ2：解決案（主張＋データ）の作り方
　ステップ3：コスト＆スケジュール（データ）の作り方
　ステップ4：投資対効果（理由付け）の作り方

　「ロジックの三角形」を上記の4ステップに置き換えたのが基本シナリオ
だ。
　多くの企画はこの4ステップで書かれていることが多い。もっとも簡単な
例は第1編で紹介した（23ページ参照）。この第8章では、具体的にこの
4ステップをどうやって書いていくかを、第6章で扱った各種の申請書を
ベースに説明する。

2 | ステップ1
現状と課題（理由付けの裏返し）の作り方

数字で規模感をイメージしやすくする

　すべての企画は課題を解決するか、現状をさらに好転化させるかのいずれかでないと採用されない。企画において、どこに焦点を当てて、事態を好転させるかというのがこのステップ1の「現状と課題」のフェーズだ。第6章で説明した通りなのだが、企画を提出する相手が普段興味を持っているもの（つまりは会社から与えられたミッション）に関係がないものは優先順位が下がる。よって、現状も課題も企画を提出する相手と自分自身の双方に興味があるものに焦点を当てて書く必要がある。開発部門に関連した例を挙げれば以下のようなものになる。

- 障害発生率を下げたい
- 離職率を下げたい
- エンジニアが不足している

などなど

　現状や課題については簡単に項目を上げられるだろう。ここで注意してほしいのは、その規模感である。企業における企画は投資対効果が釣り合わないと採用されない。つまり、課題を解決するために、いくら投資すれば、どれくらい解決できるかというものを数字で表す必要があるのだ。例えば、先のほど例だと、以下のような数字の作り方をする必要がある。

- 現状の障害発生率を30%下げたい
- 現状の年間離職率を30%下げたい
- エンジニアが5名不足している

　数字が入ったことで、その規模感がなんとなくわかったと思う。

しかし実際の企画書ではさらに明確にするために、**その影響度合い**を数値で表現することが重要である。例えば、「障害発生率30%」や「年間離職率30%」や「エンジニアが5名不足」がどれくらい悪いことなのかを説明する必要がある。「障害発生率30%」や「年間離職率30%」や「エンジニアが5名不足」という説明だけでは十分ではなく、具体的にどれくらい悪いかがわからないと、会社はどれくらい投資してよいかがわからないのだ。以下では、さらに掘り下げた影響度合いを書いてみる。

A) 現状の障害発生率30%が収益率を**50%悪化させているので下げたい。**

B) 現状の年間離職率30%が年間**5億円の損出**を計上しているので、下げたい。

C) エンジニアが5名不足しているため、**新規受注10件、既存メンテナンス20件以上の対応を行うことができない**

　上記の例では3パターンで影響度合いを表現している。

　A) については、50%悪化と書いているが、決裁者からすると**「で、いくら損するの？」**と思うので、ややイメージがわかない。

　B) については「5億円の損出」と書いてあるので、**被害額が明確**である。この5億円の算出ロジックが明確であれば、影響度合いは明確にわかるはずだ。

　C) については、「もうこれ以上の案件は受けられません。対応案件を増やすには人員増がないと対応できないですよ」という話なのだが、ロジックとしては会社が求める受注件数や受注金額目標とのギャップや昨年の実績との比較とセットで説明されて、初めて事の深刻さがわかるようになる。

　ここまでをまとめると、影響度合いを金額で表すことが重要なのである。では具体的にその影響度合いの算出例を以下で書いてみたいと思う。

「障害発生率30%」の影響度合い算出例

　ざっくり説明すれば前年度の障害対応による発生人件費を合計して、その総額を影響度合いとする。

　厳密にいえば、人件費は対応した人材の給与や残業時間なのか休日対応なのかによって厳密に変わってくるが、障害案件について、シンプルに受注前の予定利益額から、実際の発生コストを引くことで、障害発生による損害金額が導けるはずだ。もしくは、その部門の平均時間単価を仮定して、障害対応により発生した時間を集計することでも算出できるだろう。このように不明な点は仮定の数字で補って計算し、導き出す。

> **計算例1**：前期の障害対応時間総計×メンバーの平均時間単価＝障害発生率30%による損出額

> **計算例2**：障害発生案件ごとの予定利益額―実際に発生したコスト＝障害発生率30%による損出額

「年間離職率30%」の影響度合い算出例

　離職による悪影響の算出は結構複雑だ。離職による他へのしわ寄せが残業代に反映されるケースと、新規受注が減少するケースも含まれるからだ。さらに細かく言えば連鎖退職も含めて算出するケースもある。労務的には、退職者の稼働時間が退職により、他のメンバーに追加労働時間なしで吸収されることは考えにくいので、退職者による損害はざっくりと以下のような算出をするのが良いと考える。

- 退職者の月間稼働時間×期末までの残期間×時間単価＝退職者1名当たりの損害

　さらに、欠員を補うためのコストを算出する。これは採用コストになる。

「採用コスト＝求人広告代」ではない。厳密にいえば、「採用コスト＝求人広告＋採用担当者の人件費＋諸経費」などだが、厳密に算出してもキリがないので、人事部門に「うちの会社の採用単価はざっくりいくらですか？」と聞いてしまおう。

> **「年間離職率30%」による損害** ＝「退職者の月間稼働時間×期末までの残期間×時間単価」総額＋「欠員補充人数×採用単価」

上記が「年間離職率30%」による損害になるはずだ。

「エンジニアが5名不足」による影響度合い算出例

現在、エンジニア5名不測の状態で、稼働率が100%近い状況であるならば、「来期の売り上げ目標―今期の売上金額」の差が影響度合いになる。簡単に言えば、「売り上げを増やしたければ、エンジニアを増やさないとまわりませんよ」という宣言とも言えるような企画になる。

この影響度合いの金額と採用コスト＋人件費が折り合えば企画としては採用されるということになる。

> **現状と課題（理由付けの裏返し）の作り方のまとめ**
> ・会社に与える影響を金額で算出することが大事
> ・不明な数字は仮定したりして算出する
> ・あまり厳密でなくてもおおよそ概算をつかめればOK

3 | ステップ2
解決案（主張＋データ）の作り方

データで証明する方法の具体例

　ステップ2の解決案は、具体的な解決方法を**シンプルに書く**ことが重要ある。複雑なステップの企画は実行するときのブレ（スケジュールや金額、成果のブレ）によりロジックが崩れていき、結局成功しないものだ。一手で成果を上げるシンプルで的を得た解決案にするべきだ。例えば、以下のような例とする。

- テスト専任者をアサインし、障害発生率を下げる
- 昇格昇給制度を可視化し、年間離職率を下げる
- 社員紹介制度を導入しエンジニアが5名を増員する

　上記はいずれも一手で完結する施策である。問題はその手が最良な手なのかどうかである。最良とは、もっとも効果が出る解決案であり、手間とコストが極力かからない解決案になる。効果と手間＆コストは相反することが多いので、そのバランスが最も良い解決案と言える。例えば社員紹介制度はうまくいけば、とても良い解決案だ。一般的には社員紹介制度を実施する前にやることがありそうな気がするが、理解しやすいので、まず社員紹介制度の解決案について例を紹介してみる。

社員紹介制度による5名増員の解決例（投資効果の高さで証明）

- 社員の紹介による入社1名に付き、入社する社員に5万円、紹介した社員に5万円を支払う（先着5名）

　解決案としてはとてもシンプルだ。通常の企業での平均採用単価はおおよそ80万円前後であるため、社員による紹介で10万円の金額が発生した

としても、かなり安価に人材を獲得することができる。なお、この案が成功するかどうかは、社員の満足度が高いかどうかにかかっている。社員はその会社に入ってよかったと思わない限り、知人を紹介することはない。この解決案は投資する金額が少なく、しかも発生ベースでのコスト発生になるため、赤字になることはない。

昇格昇給制度を可視化し、年間離職率を下げる（過去の実績から分析して証明）

　続いて離職率の話である。離職率を下げるのは結構難しい。一概に給与を上げれば離職率がさがるわけでもない。現に、高給取りと言われる外資系の離職率はびっくりするくらい高い。離職率と給与の関係でいえば、ハイリスクハイリターンの外資系的給与だと社員が長く続かないので、ローリスク、ややハイリターンのような感じが良い。話を離職率全体の話に戻すと、社員が会社を辞める理由が少なくし、満足度を高くすることが重要なのだ。社員が会社を辞める理由は以下が多い。

「給与」
「人間関係」
「労働時間」
「仕事内容」

　上記の4つについて多かれ少なかれ不満があると思うが、その不満が臨界点を超えた時に、解決する手段が転職であれば転職する。転職せずに解決できれば、転職しない人が増えるはずである。そう考えれば、「昇格・昇給制度を可視化すること」が有効な解決になる可能性は高いかもしれない。とはいえ、昇格・昇給制度はコロコロ替えるわけにはいかないので、事例の分析から始めるのが有効だろう。世の中には離職率を減少させた事例がたくさん公開されている。その中から自社に類似した企業の事例を分析し、その結果を参考にした解決案を導き出すのが良いと思う。

テスト専任者をアサインし、障害発生率を下げる（本質的な原因を除去し解決）

　欧米先進国のエンジニアが日本で開発プロジェクトに参加すると驚くことの一つに「テスト」がある。日本でも大きなプロジェクトだとテストを第三者に委託することがあるが、中規模以下のプロジェクトだと、開発担当者がそのままテストすることが多い。自分で開発して自分でテストをすればテストに漏れが出て、品質が上がらないことが多いのは当たり前だ。読者の皆さんの会社はどうだろうか。そこで、ここではテストの専任者をアサインするという案を上げてみた。

　効果的な解決案の書き方として、多くが共感できる根本的な原因にフォーカスして掘り下げることも有効だ。障害発生率を減少させる有効な手段として第三者検証がある。外部に委託してもよいが、同じようなことを社内で実施することも有効であると考える。第三者検証の有効性や障害発生率の低減についてはネットで調べると、情報が出ているので、その情報を参考にするとよい。

解決案（主張＋データ）の作り方のまとめ
- 効果と投資のもっともよいバランスのものを提案する
- 本質を突いた解決案を提案する
- 証明方法は数値で算出する方法だけではなく、過去の事例から推測証明する方法もある

---

4 ステップ3 コスト&スケジュール（データ）の 作り方

大まかなほうがいい

　エンジニアの方であれば、スケジュールを作ることはそれほど難しくないだろう。普段の開発プロジェクトと同じ要領でスケジュールを作っていただければよい。ただ、企画書においては要点のみをまとめたスケジュールで十分なことが多い。企画決裁者は**おおよそのスケジュール**がわかればよい。極端な例を紹介すると、以下のスケジュール表は某上場企業の経営会議で新会社設立の起案を行い、実際に承認をいただいた企画書のスケジュールである（表1）。

　何月に何をするとしか書いていない。決裁者はおおよそのスケジュールがわかればよいのだ。ただ、上記の表を説明した経営会議においては、詳細なスケジュールを回答用に用意しておいたのは言うまでもない。回答は用意しておくが、企画書には分かりやすく書いておくことが効果的であり、それで十分であるということだ。

表1 スケジュールのサンプル

	2020年	2021年
体制 / 組織	▼8上 登記　　▼10上 オフィスオープン	
受託システム開発	▼8上 営業開始	
ソフトウェア自動アップデート（製品）		▼10中 リリース
自動アップデート / ライセンス（サービス）		▼12下 サービスイン
ドキュメント共有型営業支援（製品）		▼6下 リリース

続いて金額も、ざっくりとした項目と金額が書かれていて、抜けがない
かどうかチェックできて、**総額がわかればよい**。以下の予算表（表2）は某
上場企業から委託を受けて実施した認定試験実施の承認を得た時の予算
表の項目である。

　項目としてはとてもシンプルだが、初年度から3か年の発生コストと
キャッシュフローが見える表になっている。一つの事業の予算承認であって
もこの程度の項目で十分。いくらかかって、どう収益が上がっていくかが見
えればよいのだ。

　もちろん、細かいデータが好ましいと判断する会社も存在するだろう。
その場合は最初から詳細のスケジュールと予算を添付するのが良い。詳細
のスケジュール表についてはエンジニアの方がいつも使っているチャートの
レベルのスケジュールでよい。

表1 コストのサンプル

請求月起算:税抜き(単位:千円)

項目	初年度 収支	次年度 収支	次々年度 収支	初年度 1月	2月	3月	4月	5月	6月	7月	8月	9月	10月	11月
支出小計				¥6,250	¥250	¥250	¥650	¥250	¥250	¥250	¥1,220	¥750	¥780	¥81
社団法人設立料金	¥500	¥0	¥0	¥500										
試験問題作成	¥1,000	¥0	¥500	¥1,000										
試験ベータ試験	¥300	¥0	¥0				¥300							
上位試験問題作成	¥0	¥1,500	¥300											
上位試験ベータ試験	¥0	¥500	¥0											
カタログ代など雑費	¥100	¥100	¥0					¥100						
事務局	¥2,400	¥2,800	¥2,800	¥200	¥200	¥200	¥200	¥200	¥200	¥200	¥200	¥200	¥200	¥200
広告費	¥500	¥2,100	¥2,800								¥100	¥100	¥100	¥100
Facebook広告代	¥100	¥420	¥560								¥20	¥20	¥20	¥20
Webサイト構築代	¥500	¥2,000	¥2,800	¥500										
イベント出展代・寄付金	¥500	¥2,000	¥6,000								¥500			
試験センター利用料金	¥5,800	¥13,170	¥28,140	¥4,000							¥300	¥330	¥360	¥390
諸雑費	¥850	¥2,100	¥4,200		¥50	¥50	¥50	¥50	¥50	¥50	¥100	¥100	¥100	¥100
税理士料金	¥150	¥150	¥0											
発生事項				試験問題 作成開始			ベータ試 験				本番試験 開始			
収入小計	¥9,000	¥28,450	¥53,900	¥5,000	¥0	¥0	¥0	¥0	¥0	¥0	¥1,500	¥550	¥600	¥650
試験1収入	¥3,000	¥17,400	¥30,450								¥500	¥550	¥600	
試験2収入	¥0	¥4,550	¥16,450								¥0	¥0	¥0	¥
認定スクール料金											¥1,000			
一般協賛金収入	¥1,000	¥1,000	¥1,000	¥1,000										
特別協賛金	¥4,000	¥4,000	¥4,000	¥4,000										
収支	¥3,700	¥3,610	¥5,800	¥-1,250	¥-250	¥-250	¥-650	¥-250	¥-250	¥-250	¥280	¥-200	¥-180	¥-16
試験1 受験者数	300	1,585	2,670								50	55	60	6
試験2 受験者数	0	455	1,470											
合計	300	2,040	4,140											
累計受験者数	300	2,340	6,480											

コスト＆スケジュール（データ）の作り方のまとめ

- 決裁を得る際のスケジュールと予算は大まかでよいことが多い。その方が判断しやすいからだ。
- ただし、起案者としては詳細のデータは持っておくべきなので、質問されたらいつでも出せるようにしておこう。

	次年度 年度収支	次々年度	1月	2月	3月	4月	5月	6月	7月	8月	9月	10月	11月	12月	11月	12月	次々年度 年度収支
350	¥24,840	¥3,060	¥2,620	¥2,680	¥5,040	¥2,800	¥2,860	¥2,920	¥4,980	¥3,040	¥3,100	¥3,160	¥3,220	¥3,280	¥5,340		¥48,100
	¥0																¥0
	¥0	¥500															¥500
	¥0																¥0
	¥1,500				¥300												¥300
	¥500																¥0
	¥100																¥0
00	¥2,800	¥200	¥200	¥200	¥200	¥200	¥200	¥200	¥200	¥200	¥200	¥200	¥200	¥200	¥200		¥2,800
00	¥2,100	¥200	¥200	¥200	¥200	¥200	¥200	¥200	¥200	¥200	¥200	¥200	¥200	¥200	¥200		¥2,800
40	¥420	¥40	¥40	¥40	¥40	¥40	¥40	¥40	¥40	¥40	¥40	¥40	¥40	¥40	¥40		¥560
	¥0	¥200	¥200	¥200	¥200	¥200	¥200	¥200	¥200	¥200	¥200	¥200	¥200	¥200	¥200		¥2,800
	¥2,000							¥2,000						¥2,000			¥6,000
60	¥13,170	¥1,620	¥1,680	¥1,740	¥1,800	¥1,860	¥1,920	¥1,980	¥2,040	¥2,100	¥2,160	¥2,220	¥2,280	¥2,340	¥2,400		¥28,140
00	¥2,100	¥300	¥300	¥300	¥300	¥300	¥300	¥300	¥300	¥300	¥300	¥300	¥300	¥300	¥300		¥4,200
50	¥150																¥0
		試験問題改定															
00	¥28,450	¥7,700	¥2,800	¥2,900	¥3,000	¥3,100	¥3,200	¥3,300	¥5,400	¥3,500	¥3,600	¥3,700	¥3,800	¥3,900	¥4,000		¥53,900
00	¥17,400	¥1,850	¥1,900	¥1,950	¥2,000	¥2,050	¥2,100	¥2,150	¥2,200	¥2,250	¥2,300	¥2,350	¥2,400	¥2,450	¥2,500		¥30,450
00	¥4,550	¥850	¥900	¥950	¥1,000	¥1,050	¥1,100	¥1,150	¥1,200	¥1,250	¥1,300	¥1,350	¥1,400	¥1,450	¥1,500		¥16,450
									¥2,000								
	¥1,000	¥1,000															¥1,000
	¥4,000	¥4,000															¥4,000
250	¥3,610	¥4,640	¥180	¥220	¥-2,040	¥300	¥340	¥380	¥420	¥460	¥500	¥540	¥580	¥620	¥-1,340		¥5,800
180	1585	185	190	195	200	205	210	215	220	225	230	235	240	245	250		2870
80	456	85	90	95	100	105	110	115	120	125	130	135	140	145	150		1470
	2040																4740

5 | ステップ4
投資対効果（理由付け）の作り方

　ステップ4は、採用可否を決めるキモである。キモなので内容はシンプルにすべきだ。記載する項目の基本は以下になる。

投資対効果
- 投資金額：XXXX円
- 想定効果：XXXX
- 実施期間：Xか月
- 投資対効果について：本企画はXXXX円の投資によりXXXXの効果をXヵ月で生むことができます。その後効果が継続することが予想され、とても投資対効果の高い企画であると考えます。承認いただきたく宜しくお願いいたします。

　おおよそ上記のような文章になる。この説明はあまり必要ないであろう。

シナリオの調整
企画のちょうどよい感を知る

　ここまでで企画の骨子としてのロジックの三角形やシナリオ、鳥瞰力など
を例をもとに紹介してきた。ここまでも何度か出てきているが、**実は企画
力を構成する要素にもう一つ「ちょうどよい感」というのがある。**極端に言
えば、年商10億の会社は1兆円の投資をする企画は実行できないし、採
用されない。非現実的だからである。

　これに類似したことが社内決済においても起こる。主任や課長、部長に
も決裁権があり、その投資規模感のちょうどよさは、その役職の高さにより
比例する。自分より大きな決済は上申し、判断を仰ぐのである。対象とす
る企画の内容により、おおよその決済グレードのイメージがあるので、そ
れを超えると「ちょうどよくない」ということになる。ここでは、「ちょうど良
い感」を以下の3つに分けて解説する。以下の3番目が一番難しく、これ
を鍛えることができると、かなり精度が高い企画を作れるようになるので、
「焦点がちょうどいい感」は何度か読み返してでも理解してほしい項目だ。

- 金額がちょうどよい感
- スケジュールがちょうどよい感
- 焦点がちょうどよい感

「金額がちょうどよい感」

　これは前述の通りではあるが、**決裁者の決済金額**にちょうどぴったり合っ
ているというものだけではない。企画の内容ごとにおおよその現実感があ
る。例えば、100名収穫のセミナーの予算実績が30万円/回だったとする。
しかもそのセミナーが効果を上げているからといって、1年間で3千万円投
資して100回やる企画をだしても、100回やれるかわからないし、「セミ
ナーに3千万円って高いだろう。3千万円かけるならもっと良い企画があり
そうだぞ」と決裁者に言われそうである。全国紙の新聞1面を抑えた広告

に3千万円払えば、それなりの効果がありそうだが、企業規模により、3千万円も出せないという会社も当然存在する。金額感は、その企画内容と会社の事業規模により変わってくる。この金額のちょうどよい感は過去の採用された稟議を見ていくとおおよそ傾向がつかめるはずだ。この会社はいくらまでならこの分野で採用されそうだな……といった形で見ていくと、ちょうど良い感が分かりやすい。

「スケジュールがちょうどよい感」

この「スケジュールがちょうどよい感」はその**企画の概要とスケジュールと効果と投資のバランス**の良さなのである。例えばエンジニアを10名採用することに3年間で3千万円かけるという企画があったとする。エンジニアが10名雇用できれば投資金額の3千万円は1年〜2年で回収できるかもしれない。しかし、採用を3か年計画でやったらバランスが悪い。3年で3千万円かけて企画を実行するなら、1年ごとに分割して、細かい企画にしたほうがバランスが良く、採用されやすい。

3か年の採用計画書の企画をもっていけば「3年もかけずに、まずは1年でどうなるか教えてくれ、良い結果が出たら2年目もやればいいよね」と言われそうである。集客100名程度のセミナーの企画であれば、1か月もかけずに実施できるはずだ。物事にはおおよそのスケジュール感がある。

そのスケジュール感はおおよそ決まっているが、会社によっても多少違う。ただ、その会社の社員であればおおよそ見当がつくはずだ。もしわからなくても過去に採用された稟議集を確認すれば、おおよそ感覚がわかるはずだ。過去に採用された稟議集は宝の山である。これを眺めていくだけで、企画力が上がりそうな気がする。なぜなら、過去の採用された稟議集は、採用された理由が必ず書かれているからである。参考になるはずだ。

「焦点がちょうどよい感」

「ちょうどよい感」の最後は企画力センスの一翼を担う「焦点がちょうどよい感」である。

この焦点とは企画の物事を見る際の、**焦点の絞り方**である。新人研修などでさまざまな新人の企画を見ると、この焦点の絞り方が最初につまず

くことが多い。焦点を絞り過ぎると、効果も金額もスケジュールもコンパクトになり、結果的に「それやる意味あるの？」という評価を得たりすることになる。焦点を広げ過ぎると、効果も金額もスケジュールも大きくなり「それやれるの？」という評価になりがちである。

極端な例（焦点を絞り過ぎ）

1. 現状と課題：開発品質が悪く、メンバーの大半が深夜にゲームをしていることで寝不足のまま仕事をしている。業務中に居眠りをする者もいる
2. 解決案：業務中に居眠りをしたメンバーに罰金を課す。
3. コスト＆スケジュール：コストゼロ円、即日実施
4. 投資対効果：罰金を科すことで過度な夜更かしをしなくなり、業務効率が向上する

ロジック的にはあっているのかもしれないが、深夜のゲームによる業務効率の悪化の話は焦点を絞り過ぎており、この企画を見た決裁者は決済することもなく、開発リーダーを呼び出し、「メンバーの自己管理を徹底させろ」と指示して終わりである。

そもそも企画書にちょうど良い焦点とは？　という話になるが、前提条件としては、所属組織が掲げている部門目標の達成に直接貢献する企画であることである。その上でちょうど良い焦点の企画には以下の2種類があることを知ってほしい。

中心企画

- 決裁者が計算している部門目標達成の中心的な企画として期待できる企画

隙間企画

- 決裁者が想定している部門目標達成において、中心企画が実現できない隙間をうめることができる企画

図にすると以下になる（図2）。

図2 隙間にはまる企画

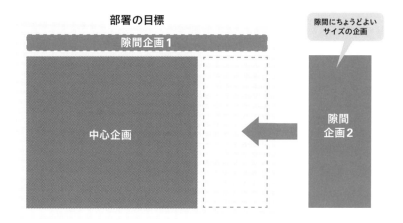

　ちょうどいい焦点の企画の絶対定義はない。当てるべき焦点は部門目標
の中心的な企画と、隙間が空いてしまった場合の隙間企画の2つである。
隙間企画の方は、空いているところにスポッと入ると、「ちょうどいい！」と
なるのである。

　これは慣れてくると、会議に参加している際に、期の目標達成
空間を頭に描くだけで、何ができそうか、何が足りないかがわか
るのだ。さらに、1か月後や半年後に何が足りなくなるとわかるよ
うになる。何事も経験であり、その経験を効率的に積むには、意
識して努力することだと思う。企画力を上げたい方は、本書のよ
うな企画書の本を読み、何をどうすればよいのかを意識しなが
ら、経験を積むと良いと思う。

第 **9** 章

奥義を知って企画書に磨きをかけよう

Introduction

採用される企画書の奥義をマスターしよう

　奥義というほど難しいものではないが、だれでも実施すれば必ず効果が出る必殺技的な奥義を紹介する。企画に慣れている人や企画を受け取る側の人であれば多少意見の差があったとしても、おおよそ頷ける内容だろうが、若手や企画駆け出しの方にとってみればついつい忘れがちな内容だ。実際に企画を書く前や、提出する前に再度目を通してほしい。この奥義を守ったからといって、必ず企画が通るとは言わない。しかし、多かれ少なかれ好転するはずだ。

　今回紹介する奥義は以下である。

奥義その1．読まずに見るだけで採用される企画書を書く
奥義その2．企画書を提出する相手が普段使っている言葉を使って書く
奥義その3．企画書の基本を守る
奥義その4．上長は目次と骨子を見て採用可否の判断をほとんどすることを知る
奥義その5．補足資料を分けて用意しておく
奥義その6．誤字のチェック方法
奥義その7．企画書を上長と一緒に作る

　勘のいい人は奥義の見出しを見ただけでおおよそ理解できるかもしれない。以下の説明では、企画を受け取る側の視点で書くので、理解しているつもりの人も復習するつもりで読んでほしい。意外な事実を知るだろう。

1

奥義1

読まずに見るだけで採用される
企画書を書く

　企画を提出する人は、その企画が採用され、実行されてほしいと思うだろう。しかし現実は、企画を提出した相手が「進めたい」と思っても、稟議が通らなかったり、上司が承認しても、そのまた上司が採用しないこともある。それゆえに多くの企画者は決裁権限がある人に企画を承認してもらいたいと思うはずだ。

　そういう社内の実行者は、とにかく忙しいことが多い。なぜならその人は実力があるから、経営層からも、部下からも、社外からも頼りにされ、情報も相談もその人に集中してしまう。忙しい人は、採用するかどうかもわからない企画書を腰を据えてじっくり読む時間がない。パッと見で理解できてすぐに判断できるものでないと、ペンディングにするか「まとめ不十分」「採用する理由が見えない」という理由で却下してしまう。

　よって、数十枚にも及ぶ企画書は作ったほうは「大作ができた！」と喜ぶが、受け取る上司は迷惑なことも多いのだ。数十枚に渡って書かれた企画書はまとまっていないと言っても過言でない。そもそもそんな長文の企画書は論旨が複雑になりがちで、実施する時にちょっとしたミスや予想外のできごとでとん挫しやすいのも事実である。企画書は**シンプルで分かりやすく、効果が短期間で出るのが良い**。

　世の中のヒット商品の企画書が書店で販売されているのをご存知だろうか。コンビニエンスストアや通販サイトで売られている誰もが知っているような商品やサービスの本物の企画書が書籍になって売られているのだ（実は筆者の企画も掲載され、約20ページにわたって紹介されたことがある）。これらの企画書を見ると、年間で数十億、数百億円も売れる大ヒット商品でも企画書としては数枚、場合によってはA3用紙1枚ということもある。良い企画は視点が鋭く短くまとまっていることが多いのだ。

よく、自分の提案を説明したいので、私に時間をとって欲しいと言ってくる方がいる。そういう時、「説明しなければ理解できないような企画書ならまとまっていないはずだから、企画の説明に来ないでほしい」とか「内容が良ければ発注するから企画書だけ送付してほしい」と思ってしまう。営業マンが来て気合や気持ちで提案して、その熱意に動かされるような発注者だと思われているのだろうかとも思う。

　実際に年間で数百万円の発注を担当営業と会わずに発注している委託先もある。企画書がまとまっていれば説明は不要だと思っている。採用者が欲しいのは熱意や気合ではなく、**より確実に成功するロジック**なのだ。また起案者の性格は企画書を見れば大体わかるものだ。成功させることができる企画者の企画は顔を見なくても、その秀逸さはわかるものだ。

　だから私がクライアントに提案するときは、事前に企画書を送付する。その企画書を読んで話を進めたいと思ったときだけ会いましょうとしている。そのほうが双方にとって効率的だし、決裁者やその会社のキーマンに提案するときは**瞬時に判断できるような提案がやはり好ましい**。

　本書のここまで読んできた方なら、ロジックの三角形と4ステップのシナリオに沿って書く企画書はそう長いものにならないと思うが、企画書を作る時には、いつでもパッと見てわかるような書き方をすることを心掛けてほしい。

パッと見て分かりやすい企画書のポイント
- 最初の1ページに企画書の骨子を目次として書く
- 2ページ目に企画の概要と期待効果や目標値を書く
- 実現したいことを一つの企画に対し一つに絞る
- 1ページに言いたいことを複数書かない。

　上記のポイントは企画書としては基本中の基本だと思う。最初の1ページで企画書の骨子が書かれていれば、企画の全体を瞬時に理解できるのだ。2ページ目で概要と目標値がわかるので、企画の狙いがわかる。3ページ目以降はその目標値を実現できるロジックになっているかどうか、予算的

に大丈夫かをチェックするだけで済むので、短時間で企画を理解できる。以下では参考例を紹介する。企画書を起こす際に是非意識してほしい。

図1 目次の例

目次

1. 企画骨子（概要と目標と予算案）
2. 課題（サービス解約率が前年比の2倍になっている）
3. 原因（今期サポート部門で5名の退職者がでている）
4. 改善案（サポート部門の増員と、特別一次手当の支給）

　上記の目次の例を見れば、おおよそ何をやりたいかが見えるはずだ。また企画骨子としては以下のようなもう一段踏み込んだ概要を記載すると、より理解しやすくなる。

図2 企画骨子の例

企画骨子

1. 概要：サービス品質の回復を実現し、解約増加の歯止めをかけたい
2. 手段
    1. 退職した5人と同数の人材補充を実施
    2. 増員した人員への指導手当を現メンバーに支給（一次手当）
    3. 顧客評価●点以上を獲得した件数毎に特別手当を支給（新制度）
3. 今期予算案：●千万円
4. 目標値：解約率20％減
5. 投資対効果：解約率20％減による売り上げ効果は●千万円であり、投資対効果が得られると考える。

2 | 奥義その2
企画書を提出する相手が普段使っている言葉を使って書く

　企画書を提出する相手と違う言葉を使って企画を書くと、企画書を読む人にとっては普段使用している言葉と違うため、短時間で理解しにくい。そして自分が使っている言葉との違いを埋めながら読まなければいけなくなる。場合によっては根本的な考え方や思想が違うかもしれないと思うこともある。一方で**相手が使用している言葉**を使って企画書を作ると、相手は使い慣れた言葉で読むので、理解が早くなる。また相乗効果として企画者への親近感もわくはずだ。企画書を提出する相手が上司の場合は「俺の言葉をよく聞いている奴だ」と思われるはずなので、プラスの面もある。上司に媚びろとは言わない。ただ、上司とコミュニケーションを取りやすくすることはやっておいた方がいい。**上司が普段使っている言葉を使う**だけで、企画書だけではなく、さまざまなコミュニケーションが円滑になるので、ぜひ実践してみてほしい。

　企画書を提出する相手が普段使っている言葉を知る方法は、Webで検索してインタビュー記事やその人のブログ、はたまたSNSなどで、その人の言動に目を通すとなんとなくわかるはずだ。Webなどに出ているご挨拶文は、本人が承認している文章なので、特に参考になるだろう。

3 | 奥義その3
読みやすいレイアウトの基本を守る

　これについては一般的な企画書の書き方の本で詳しく解説されている。詳細まで理解されたい方は、そういった本を読んでみると良いだろう。一方でこのあたりの基本ができていないと、他の基本もできていない企画書という悪い第一印象を持たせてしまうので注意が必要だ。以下では、気を付けておきたいレイアウトの基本的なポイントに絞って説明する。

視点を意識した見やすい書き方で書く

　企画書を見る人が日本人の場合、横書きの資料は、最初に**左上**に視点を持っていき、その後、斜め**右下**に視点をずらしていく傾向がある。縦書きの場合は、最初に右上に視点を置き、その後、左下に向かって、視点を移していく傾向がある。図にすると図3のようになる。

図3 横書きの場合、視線は左上から右下へ動く

タイトル

主題XXXXXXXXXXXXX
1. 箇条書きXXXXXXXXXX
2. 箇条書きXXXXXXXXXXXXX
3. 箇条書きXXXXXXXXXX
4. 箇条書きXXXXXXXXX
5. 箇条書きXXXXXXXXXXXX
6. 箇条書きXXXXXXXXXX

ありがちな例は図4である。言いたいことが右下にあり、視点が飛んでしまっている。赤字に太字で書き、強く主張したい場合は、タイトルの下に記載し、左上から下もしくは右下に視点を移しながら読めるようにすると見やすい。

　他にも、以下の図5のように一番言いたいことではない「補足情報」が目立ってしまって、そこに視点が行ってしまうのも、理解しにくく、かつよくありがちなことである。補足情報の場所に派手な図があって、そこに目が行ってしまうのもよくあるケースである。図はあくまで、言いたいことを説明する補足とすべきだ。

図4 言いたいことが右下にあると、視線が飛んでしまう

図5 補足情報の方が目立ってしまう

フォントや文字サイズに統一感を出す

　一つの企画書に複数のフォントが使われているケースは割と散見する。これはWebや他の資料から引用する際に、文章をコピーした際に、元のフォントもそのまま持ってきているようなケースである。他にもページによってフォントのサイズが違うようなことも読みにくい例である。

図6 ページごとにフォントサイズを変えない

　上記の図6のように、ページごとにフォントサイズの大きさが違うと、サイズが大きいページを一番言いたいのかと勘違いすることもある。

整理した書き方で書く（内容をカテゴリに分けて書く）

　カテゴリ分けせずに、異なる内容を同じような箇条書きで書くという失敗をする人はかなり多い。資料を読む人が無駄な勘違いを生む原因でもあるので、企画書だけではなく、ビジネス文章でも気をつけてほしい。

　例えば以下のようなページがある。以下のページの原因はカテゴリわけせずに単純に列記している。
　上記に記載されている原因は、内的要因と外的要因に分けて書くと以下のように分かりやすくなる。

図7 内容はカテゴリに分けて書く

目標未達となった原因

昨年度の障害発生率目標を20％上回った原因は以下
である。
1. 2名の退職者があり、増員もできなかったため、
   開発メンバーに負荷がかかってしまった。
2. 支援会社のエンジニアの技術力が低すぎた
3. プロジェクトマネジメントがうまく行かなかった
4. 要件が途中で変更になってしまい、納品スケ
   ジュールが変わらなかったため、負荷がかかり、
   障害発生した案件が多かった

目標未達となった原因

昨年度の障害発生率目標を20％上回った原因は以下
である。
1. 内的要因
   1. 2名の退職者があり、増員もできなかったため、
      開発メンバーに負荷がかかってしまった。
   2. プロジェクトマネジメントがうまく行かなかった
2. 外的要因
   1. 支援会社のエンジニアの技術力が低すぎた
   2. 要件が途中で変更になってしまい、納品スケ
      ジュールが変わらなかったため、負荷がかかり、
      障害発生した案件が多かった

色相環の色の使い方に気を付ける

　色相環とは以下のような色相の総体を順序立てて円環にして並べたものを指す。企画書においては、補色と言われる色相環の反対側の色を同じページで使わない。例えば、赤と緑、黄色と紫、オレンジと青などを同じページで使うと目がチカチカして見にくくなる。

図8 色相環の反対側の色を組み合わせて使わない

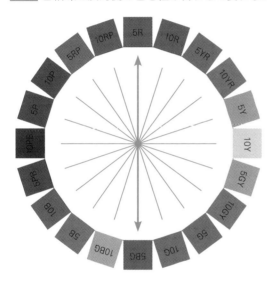

引用：マンセルのカラーシステムによる色相環
https://ja.wikipedia.org/wiki/%E8%89%B2%E7%9B%B8#/media/%E3%83%95%E3%82%A1%E3%82%A4%E3%83%AB:MunsellColorCircle.png

奥義その4

4 上長はほぼ目次と骨子だけを見て 採用可否の判断をすることを知る

目次と骨子を磨く

　奥義その3で紹介した企画書の最初の目次と概要を見て、ほとんどの上司は採用可否を判断できる。前述もしたが、まとまっていない企画はそもそも採用されない。上司は常に自分の職務のことを考えて、試行錯誤をしている。また、当然持っている判断情報も多い。**企画の骨子**を見ただけで、いけそうかどうかはすぐに判断ができる場合も多い。裏を返せば、目次と骨子をしっかり作れば、細かいところは修正して、実施させたいと思うことも多い。

　一般論として会社の役職が上に行けば行くほど、ポストの数が減っていく。つまり昇格の門は上に行けば行くほど狭く、ハードルが高くなる。それゆえに、出世に時間がかかることもある。また年齢が上になればなるほど、転職も厳しくなる。つまり、年相応に出世してきた上司は家族がいたり、介護しなければならない人がいて、家計の負担が大きいことがある。一方で出世や転職の門も狭くなるので、それだけ本気で仕事をしている人が多い。（しがみつくことにだけ本気な上司もいるとは思うが）そのような状況だと、背負っている負荷も大きく、**判断もシビア**になりがちなのだ。

　そんな上司に対して提出した企画書が、誤字だらけだったり、まとまっていなかったり、個人的な内容だったりした場合、どのようにとられるだろうか。相手が上役で、実行力があったり、本気で会社のために取り組んでいるような上司であるなら、練りに練った企画を事前に誤字チェックして、本気で提出するべきだと思う。

5 | 奥義5
補足資料を分けて用意しておく

　企画を練っていると、いろいろなことを盛り込みたくなることがある。企画のロジックを補う資料が膨大になることがある。最初からすべて補足資料を企画書にすべて織り込むと、企画書のページ数が増えてしまい、読みにくくなったり、まとまっていないように見えたりすることがある。それゆえに、企画書の本文に記載する資料は骨子となる基本ロジックの部分のみとして、その他の補足資料は別ファイルとして添付したほうが良い。

　補足資料にも以下のような目次をつけておくと見やすい。
　このような補足資料があると、その企画の理解がよりしやすくなるし、この企画の企画者はいろいろなことを想定して企画が練られていることも見えるので、企画の信頼度が増す。是非実践してほしい。

図9 補足資料に目次をつける

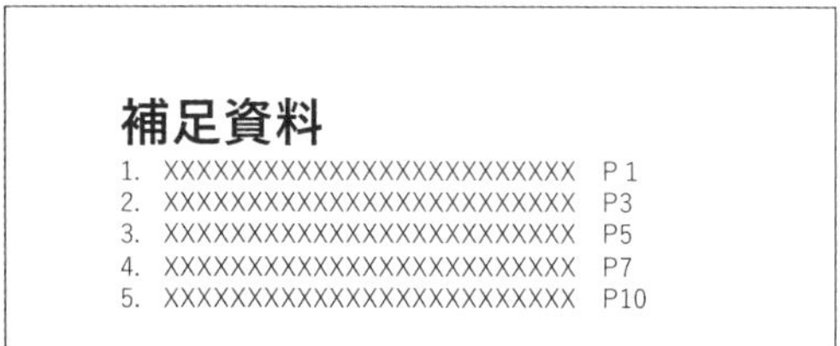

補足資料
1. XXXXXXXXXXXXXXXXXXXXXXXXX　P 1
2. XXXXXXXXXXXXXXXXXXXXXXXXX　P3
3. XXXXXXXXXXXXXXXXXXXXXXXXX　P5
4. XXXXXXXXXXXXXXXXXXXXXXXXX　P7
5. XXXXXXXXXXXXXXXXXXXXXXXXX　P10

6 | 奥義6
誤字のチェック方法

　企画を自分で書いて、自分でチェックすると、どうしても誤字が残ってしまう。人によっていろいろな方法があるとは思うが、私が実践してきた方法を紹介する。

(1) 印刷して、見直してみる
(2) 印刷して、さかさまにして説明してみる
(3) 一晩寝て、見直してみる
(4) チェックがうまい第三者に見てもらう

　(1) から (3) はセルフチェックの方法である。一言でいえば、頭を切り替えると、気が付きやすいということなのだ。(1) の印刷してチェックするのは多くの人がやっているチェック方法だ。　私としては特に (2) をお勧めしたい。さかさまにして説明するのは、実践の予行練習のようなものなので、誤字だけではなく、ロジック不足なども含めて色々見えてくるのだ。これはかなり効果的なので、チェックが甘いと思う方は是非実践してみてほしい。(3) も、多くの人がやっている一般的な方法だ。実際効果があるので、是非やってみてほしい。

7 | 奥義7
企画書を上長と一緒に作る

　これは奥義としては最終奥義に近いくらいの効果がある。企画書を提出する相手と一緒に作った企画はかなりの確率で採用されるのだ。考えてみれば当たり前だが、採用しない企画の作成を上長が手伝うはずもない。上長は自分が採用したい企画に近い企画の原案だから手伝うのだ。状況によってかなり違うので一概には言えないのだが、以下では上長が一緒に企画を作ってくれる状況の例を挙げてみる。

上長が企画書作成を手伝う参考ケース
- 上長の目標達成を補える企画であること
- 企画提出者が業務を実行できる基本的な能力が備わっていること
- 企画提出者の業務が予定通りに実行され、目標の達成も見えている状態であること

　上長の最優先事項は自分が担当している**部門の目標達成**である。これに関係があれば優先順位が上がり、関係がなければ優先順位が下がるのだ。部門会議や朝礼など上長の発言をちゃんと聞くと、部門の目標や具体的な課題や実現方法の説明がされているはずだ。その部門の基本方針を加速化する企画であれば上長はウエルカムなのだ。企画書作成を支援してくれる可能性がある。

　ただし、企画者が普段の業務が満足にできていなかったり、基本的な能力が足りていない場合、上長は企画書を提出されても「君にはほかにやることがあるはずだ」と感じ、企画書は上長預かりになったりすることも多いはずだ。上長は部門の目標を達成したいと思うのと同時にメンバーにはメンバーの**個人目標の達成**を優先してほしいと思うものだ。

さて、前述の上長が企画書作成を手伝う参考ケースを満たしている場合、以下を実践してみるのはいかがだろうか。約束はできないが、より上長が企画書作成を手伝ってくれるはずだ。

内容をまとめた企画書を印刷し、「5分でよいので見ていただきたい」と伝える

　たったこれだけのことだが、上長が急ぎの時でなければ、その場で目を通して赤を入れてくれるはずだ。赤を入れてくれたら、後日修正して、再度チェックしてもらうのだ。修正ごとに企画書が良くなれば、採用されるレベルまでチェックしてくれるはずだ。たったこれだけのことだが、うまく行くことが多いはずだ（企画者が若く、日ごろの成績が良ければよいほど成功しやすい）。

第10章

実例編1
PHP技術者認定試験

Introduction

　第4編では実際の企画書をベースに、企画書のエッセンスを紹介していきたい。

　紹介する企画書はすべて実際に採用されたものを、ほぼそのまま掲載する。もちろん、その当時採用されたものなので、今同じものが採用されるかどうかは当然わからない。企画は提出した時に、その相手が必要な時のみ採用される。「企画を温めておく」という言葉があるが、いい企画は企画者としても絶対に実現したいので、タイミングを計りつつ、都度ブラッシュアップしていくようなことを行うことがある。企画書はタイミングと内容が良くないと採用されないのだ。
　第4編では、企画書を解説するだけではなく、その当時の状況や提出先の話も含め、鳥瞰マップとロジックの三角形を用いて解説する。

　企画書執筆の背景を紹介していくので、その当時、企画者がどういう状況で何を実現しようとしていたのかを想像していただきながら、企画書の1ページ1ページで伝えたかったことを推測しながら読んでいただけるとうれしい。

今回ご紹介する企画書は以下の3本である。

1. PHP技術者認定試験を運営するPHP技術者認定機構の設立企画書
2. 累計4万部を実現したWordPress書籍の執筆企画書
3. 新会社設立企画書

1.の企画書は、私が仲間と練って作った賛同者を集めるための企画書だ。試験運営団体を法人として立ち上げるために初めて関わった企画ということもあり、企画の完成度としてはいまから見れば完璧ではないが、リアルな状況を見てほしいので、あえてそのまま当時の企画書を紹介する。

2.の企画書は、私の顧問先のプライム・ストラテジー株式会社が出版社に提出した書籍企画書である。技術者の方の中にはいつかは書籍を執筆したいという方もいると思う。累計4万部を超えたWordPressの大ヒット書籍の企画書である。なぜこの書籍が大ヒットしたのか？ そのエッセンスを是非参考にしてほしい。

3.の企画書は、31歳のころに当時の仲間と作った新会社設立の企画書である。この企画書は某上場企業の顧問をしていた時に、新会社設立の依頼があり、その企画書である。1億円の出資承認を得た企画書であるがその企画書は1ページで構成されている。1ページで構成された企画書を見たことがない方も多いと思い、紹介する。

1 実際の企画書1
PHP技術者認定試験

　この章では、PHP技術者認定試験を運営するPHP技術者認定機構の設立のために作成した企画書を、以下の流れで説明していく。

1. 企画の概要を「鳥観マップ」と「ロジックの三角形」で解説
2. 実際の企画書と細かいテクニック
3. 企画書のプレゼンシーン解説と結果を得られるまでのステップ
4. 企画実施の結果

　この企画書は私自身が作成したものだが、ほかの企画書と比べてもとてもシンプルなものだと思う。誰でも作れそう、と思われた読者の方もいるかもしれない。しかし、「企画はシンプルに」の効果を説明するのがもっとも良いと思うので、本来あるべき企画書の姿とも言えるだろう。

　企画書の説明を受ける人がパッと見で理解でき、その後、相手の会社の社内で稟議が回った際も、説明を受けなくても社内の関係者が**見るだけですぐに理解できる**内容になっている方が良い。

　これは9年前に作った実際の企画書で、今読み返すと少々粗さを感じるのだが、あとから作ったサンプル文書のような企画書よりも臨場感があり、より実践的だと考えたので、そのままの内容で紹介することにした。ただし、一部、実際の人物や企業が登場するが、生々しい比較表や競合分析も書かれていたため、その部分は墨塗りした。大人の事情で申し訳ない。

2 企画の概要を「鳥観マップ」と 「ロジックの三角形」で解説

当時の状況を各関係者にヒアリングしたところ、以下のような状況が鳥瞰マップにまとめられた（図1）。

語弊があるかもしれないが、PHPは適当に作っても動いてしまうこともあるけっこうゆるい言語である。プログラミングを始めたばかりの人でもすぐに動き、楽しさを体感できる言語であることから、プログラミングをPHPで始める人は多い。その勢いはとまらず、企画当時もそうだったが、今でもPHPの求人数は全言語で2位である（2019年10月 Indeed Japanの求人情報を元に、著者が独自に集計）。

一方、その特徴から我流でPHPをマスターして仕事に使う、場合によっ

図1 PHP試験普及のための鳥観マップ

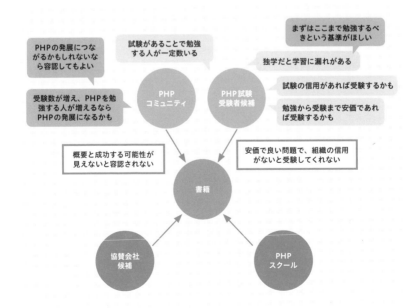

てはセキュリティ上問題があるプログラムを作って公開してしまう悪しき
ケースも散見されていた。PHPを今後も普及させ、かつ正しい知識を業界
全体に広めるためにも、学習の進度をチェックする試験のようなものが必
要であると考えた次第である。実際にPHPを学ぶ人が、ここまで勉強すれ
ばまずは「基本はOK」といえるようなチェックができる試験がほしいという
声もあった。

　ここまでの鳥瞰マップから、以下のロジックの三角形ができあがる（図
2）。
　そして、PHPコミュニティの参加者にPHP試験の実施について意見を聞
いたところ、「PHPの発展につながるのであれば、手伝ってもいい」という
意見が多かった。資金提供を依頼予定の協賛会社も、「成功する見込みが
見えた段階で協賛金を出してもよい」という反応だった。そしてPHPスクー
ルも同様に、「成功する見込みが見えた段階で対策コースを作ってもよ
い」という話だった。受験候補者は、「試験に信頼性があって、コストが安
価であれば受験してもいい」という反応だった。

図2 PHP試験を実現させるためのロジックの三角形

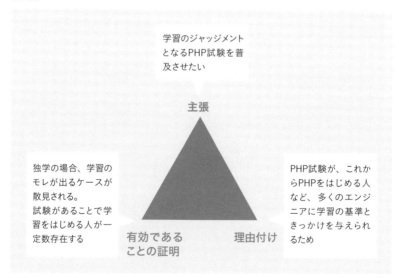

学習のジャッジメント
となるPHP試験を普
及させたい

主張

独学の場合、学習の
モレが出るケースが
散見される。
試験があることで学
習をはじめる人が一
定数存在する

PHP試験が、これから
PHPをはじめる人な
ど、多くのエンジ
ニアに学習の基準と
きっかけを与えられ
るため

有効である
ことの証明

理由付け

これらの関係者の意見から鳥瞰マップを修正してみると、図3のように
なった。

図3 PHP試験普及のための鳥観マップ：各関係者の思惑を反映

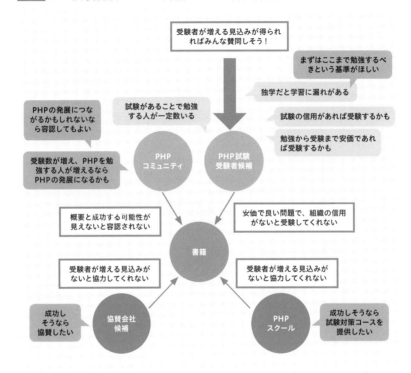

　受験者が増えることが予測できれば、PHPコミュニティも協賛会社候補
もPHPスクールも賛同してくれることに気が付いた。
　受験者候補は試験に信頼性があって、学習コストが安価であれば受験
しそうである。ここで一つのアイディアに気が付いた。国内著名出版社A
社のPHP書籍は、有識者の間で評価が高かった。当時は試験の教科書は
高価格なものが多かったのだが、このPHP書籍は一般的な価格の市販書
籍であり、これを教科書にすれば学習コストは下げられる。それによりA
社のPHP書籍が今以上に売れるかもしれない。A社が特別協賛会社とし
て参加してくれたら試験の信頼性も高まるので、受験者数が増える見込み
ができる。それにより、PHPコミュニティや協賛会社候補やPHPスクール

の賛同を得られやすくなる。このように考え、以下の鳥瞰マップにカギとなる一手を書き加えてみた。その鳥瞰マップが以下である（図4）。

図4 PHP試験普及のための鳥観マップ　完成版

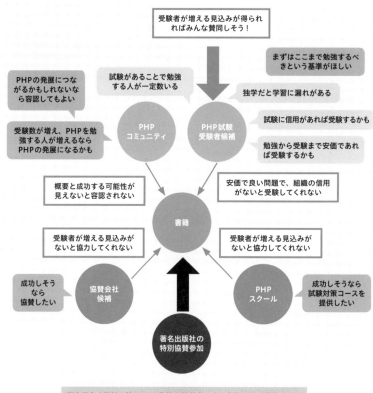

この一手のロジックの三角形は図5になる。

図5 PHPの書籍を教科書にするためのロジックの三角形

国内著名出版社A社
のPHP書籍を教科書
にしたい

主張

PHP技術社認定機
構関係者やPHPコ
ミュニティの見識者
にヒアリングしたとこ
ろ、教科書として適
切であり、試験の教
科書として採用され
れば、協賛会社や
PHPスクールとして
PHP試験に賛同した
いという声もあった

有効である
ことの証明

理由付け

PHP初心者が学ぶべ
き技術が網羅されて
おり、試験の教科書と
して採用することで試
験の信頼性が高まる

国内著名出版社A社に、上記のロジックの三角形の論旨にてPHP試験の
教科書採用を打診するとともに特別協賛会社として参加しても依頼した。
結果的に快諾いただき、企画書を作成するにいたった。

本企画において、A社のPHP書籍を教科書に採用することに気が付いた
ことは大きく、その後の企画がかなり進めやすくなった。次項では実際の
企画書を紹介する。今後、企画を立てる際の参考にしてほしい。

3 PHP技術者認定試験
実際の企画書と細かいテクニック

　では、実際の企画書を解説しながら、各ページでこだわった部分や、ねらいを解説していく。

　本企画書の構成を以下に示す。

- 表紙
- 市場観（PHP市場規模を説明）
- PHP受験者数予測（市場規模に合わせたPHP試験の受験規模予想）
- 実施状況比較（他の試験との比較）
- 成功例と失敗例
- 本案のエッセンス（成功するための基本シナリオを解説）
- 実施案の説明

　試験の成功は、**安定した受験者数の増加とその規模**にかかっている。そこで、対象となるPHP市場の規模をまず説明し、他の試験の市場規模と実施内容を比較したうえで、PHP試験が成功するシナリオを過去の成功例・失敗例と比較しながら説明している。「実施案の説明」以降では成功するシナリオが成功するための実施案を解説し、PHP試験がうまく行くことを説明している。

　以下、企画書を1ページごとに説明していく。実際のデータもサポートサイトに用意したので、本と並べて照らし合わせたい方はこちらを利用してほしい。

PHP技術者認定試験（仮称）と
NPOの立ち上げについて
Draft第０版

Contents
1. PHPの市場規模
2. PHP技術者認定試験概要

2010年5月20日

PHP技術者認定機構
発起人会

CONFIDENTIAL

P.0
Copyright © PHP技術者認定機構 発起人会 All Rights Reserved

▲ 表紙

　表紙である。ちょっとしたテクニックだが、本書を説明する外部賛同者候補に企画段階から参加していることを印象付けさせるために、試験名は（仮称）とし、版も「Draft第０版」と書いている。タイトルの左下に簡単なコンテンツを書き、何が書いてあるかをイメージさせている。また、よく忘れられるが、**「CONFIDENTIAL」マーク**と右下の**「コピーライト」**表記は必ず付けておいた方がいい。NDA（機密保持契約書）を交わさずに回覧された企画書を他社に転送しても法的には問題ではないのだが、「CONFIDENTIAL」と書くことで、漏洩されれば、モラル違反ですよ、という企画者の意思を表示している。

　実践ではNDAをその場でサインさせて資料を見せるような局面もあるかもしれないが、事前に法務チェックをしないとNDAにサインできない会社も多いため、企画書の説明のためだけにNDA締結をさせるかどうかは判断が必要になる。

　また、右下のコピーライト表記は、

・無断コピー・無断転載を防止したい

・著作権保有者として明記しておきたい

という理由で私は付けるようにしている。

実際には付けなくてもすべての著作物は著作権保有者のものとして法的に守られるが、企画書はページだけ抜かれて、第三者に共有されることがあるので、私は記載するようにしている。記載されていない企画書を見ると「ちゃんと管理しているのかな？」と心配にもなるので、そういう意味でも書いておいた方がいい。

▲ 章立ての扉

　章立てスライド。章立てスライドは入れないほうがページ枚数が少なくなるが、章立てスライドを入れたほうが読み手が整理しやすいため、私は入れるようにしている。

市場観

- 全世界で数百万人規模のPHPエンジニア（2007年）
- 全世界で2000年100万サイトが2007年に2000万サイト
  へ
- 国勢調査によると、SE及びPGは140万人
- OSSアプリケーションエンジニアの60％はPHPエンジニア
  （OSS市場調査　IPA2009）
- Web系、ベンチャー系にエンジニア多し

P.2

▲ 市場観

　ここではPHPの市場観を説明している。PHPの**市場規模**が大きいこ
とを説明しようとしていた。今では、PHPの市場規模を示すデータを
海外から入手できるようになったので、もっと明確な市場データや引
用元を明確にすることができるが、当時はズバリPHPの市場規模を表
した市場データを見つけることができなかった。そこでよくないことだ
が、引用元などを明確にせずに書いている。当時はプレゼンテーショ
ンで押し切っていた。

　本来は、市場規模を数値で記載し、その引用元と、Webであれば
URLを記載するのが望ましい。

参考：一例であるが、以下ではPHPの市場規模が掲載されている。
W3Techs　https://w3techs.com/

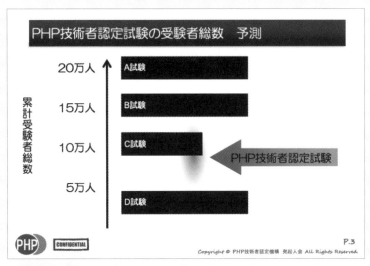

▲ 受験者予測

　3ページ目では、PHP試験の受験者予測を説明している。主要な試験の主宰者から直接聞いた数字をもとに市場規模と照らし合わせた予測イメージを説明する。試験は実際にやってみないとわからないことが多いが、他の成功した試験と同じことを実施すれば、市場規模に見合った受験者数を実現できると説明した。この企画を見た外部の賛同候補者は他の成功している試験のイメージをすでに持っていたため、この資料はロジックとしては明確ではないが、どれくらいの受験者数を狙い、何をしようとしているのか、また、試験開始後にどのような影響があるのかのイメージを持ってもらえたと思う。なお、他の成功した試験には私が立ち上げた試験も含まれているので、私自身の信頼のプラスにもなったと思う。

実施状況比較表

項目	A試験	B試験	C試験	D試験	E試験
累計受験者数(推定)	20万人	15万人	10万人	3万人	500人
実施年数	12年	9年	9年	9年	5年
スクール認定数	非公開(多数)	38校	38校	13校(最大時20校)	1校
スクール紹介	続き窓口より	Webリンク	Webリンク	Webリンク	なし
認定制度	あり	あり	あり	あり	なし
認定本	87冊	116冊	30冊	9冊	0冊
メールマガジン	あり	なし	あり	あり	なし
合格体験記・企業の声(インタビュー形式)	あり	あり	あり	あり	合格までのステップはあるが、受験者理が見えない
セミナー・プレゼン	多数	多数	多数	当時多数	なし

▲ 成功例と失敗例を比較

4ページ目は、民間のIT試験の**成功例**と**失敗例**を比較したページだ。このページがこの企画書においてとても重要な意味を持つ。この企画を提出する先は法人になる。担当者が「やりたい！」と思っても、稟議を社内で上げる時は客観的なロジックが必要になる。その際にこの表は使えるのだ。

起業する際に資本金を集める際などでも過去の似た例と比較して成功を推測する方法というのはとてもポピュラーなのだ。よく使う方法なので、参考にしてほしい。

この表でわかるのは、試験用の教材である認定本と認定スクールの数、成功事例である合格体験記の差が、受験者数の差であることがわかる。PHP試験がこの差を埋めることができれば、PHP市場の規模の大きさからPHP試験が成功するロジックが成立するのだ。

成功例と失敗例

E試験
- 受験者数　500名
- 敗因
  - 大規模ユーザが主体者側にいない→受験者が伸びない→認定校が少ない→悪循環。業界団体ではなく、製品訴求力も低い。
  - 認定資格ビジネスにおいてやるべきこと（ブランディング、認定スクールフォローなど）をしていない

C試験
- 受験者数：10万人
- 勝因：業界団体化し、　　　　　　　　　　　　　など大規模顧客が、理事に入っている→スタートダッシュで受験者数が伸びる→認定校も増える→好循環

D試験
- 受験者数：3万人
- 勝因：業界団体化し、　　　　　　　　　　　など大規模顧客が、理事に入っている→スタートダッシュで受験者数が伸びる→認定校も増える→好循環

PHP　CONFIDENTIAL

P.6

▲ 受験者予測

　6ページ目では、4ページ目で紹介した、成功した試験と失敗した試験の比較表にもとづき、成功と失敗の理由を説明している。スタートダッシュで受験者数を獲得できない場合、認定スクールが増えず、じり貧になると説明している。

　事実、試験は最初の3年間くらいでおおよそ判断されてしまうが、3年間で受験者数を増やすのがとても難しいのである。それが日本で民間のIT試験が80もあるのに累計の受験者数が1000名を超えない試験が8割以上ある理由なのだ。なぜ難しいかというと、1年目はもともとのファン層が受験するが、2年目、3年目はファンが受験した後なので、自力で受験者を獲得しなければいけないが、そもそも1年目が終了した時点で受験者数が少ないので、多くが様子見になってしまい、受験者数が増えないことが多いためである。受験希望者の受験モチベーションはその試験の受験者数である。受験者数が少ない試験は無くなりそうなので、受験を避ける傾向がある。試験は開始前に多くの会社を巻き込み、予算を確保し、CBT試験契約をしたうえで、受験ムーブメントを3年以内に作らないと成功しない事業なのである。それゆえにスタートダッシュが重要なのである。

▲ 章立てのスライド

ここから後はPHP試験がどのように実施され、成功するかのロジックを証明している。

▲ 本案のエッセンス

ここまでのまとめのページである。PHP試験の成功のためにはコストを下げてCBT試験を実施することと、信頼性の高いＡ社の書籍を試験の出題範囲として採用することを説明している（前述の鳥瞰マップで紹介した内容）。また、市場には38もの独自PHPスクールが存在し

ていて、独自の教材でPHPを教えていた。その独自PHPスクールに
参加してもらうために現状使用している独自の教材を副教材として認
定することを書いている。

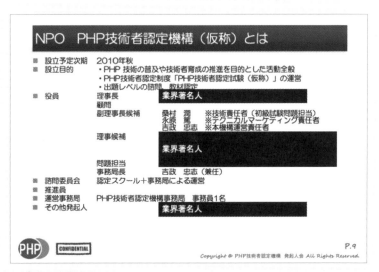

▲ 章立てのスライド

9ページ目は、PHP試験を運営する新法人の組織概要が記載され
ている。PHP技術者認定機構を公平な組織にしたかったため、認定ス
クールに参加された企業から一名を諮問委員に選出いただき、新法
人の活動をチェックする仕組みにした。この仕組みは評価され、多く
の認定スクールに参加していただいた。業界団体を立ち上げる際に
特定の個人に利権が握られないように**公正に運営**するのと同時に、
認定試験は乗っ取りや売却の提案が多いため、乗っ取られない組織
づくりも必要である。諮問委員会にはチェック機能を持たせるが、理
事の選出権や総会の議決権は持たせないようにした。

設立時には私が理事長になってしまったが、構想段階では業界の
著名人が理事長になる予定だった。業界団体の立ち上げ時に、多く
の著名人を集めることは重要である。その際にトップに色がついてい
ると、賛同者が増えないため、大学教授などビジネスの色がなく、公
正かつ著名な人物に理事長に就任してもらうことが多い。余談になる

が、当初理事長になる人物とは決別したわけではなく、PHP技術者認定機構がNPO法人化するということで、所属会社の判断として社員が他の法人の役員になるのを許可できなくなったため、設立ギリギリに辞退となり、やむを得ず起案者であった私が理事長をすることになったのだ。この理事長がきっかけに他の認定試験の立ち上げや、事務局の運営依頼など仕事が増えた。**人生はちょっとしたことでかなり変わっていく。**この時、理事長をやっていなかったら、Ruby on Railsの試験や、Pythonの試験の立ち上げもしていなかったかもしれない。チャンスがあり、成功できそうであれば何でもやってみるものだと思う。

▲ PHP技術者認定機構の役割

12ページ目は、PHP技術者認定機構の役割と動きをまとめた図である。企画書においてはこのような全体の動きまとめた図を一枚入れたほうがよいことが多い。前述もしたが、読まないといけない企画書は忙しい決裁者は読まないものだ。**パッと見で理解できるような図**を必ず用意したほうが良い。

この図を見れば、PHP技術者認定機構が何を実施して、認定スクールに何を提供するかが一目瞭然だ。

PHP技術者認定試験とは

■ 目的　　　　PHPの専門技術能力を正当に評価できる技術者認定試験を提供することにより、認定者の雇用機会、認定者が所属する会社に対するビジネスチャンスの拡大を図ることを目的とする。

■ 受験料金案　初級15,000円
　　　　　　　上級20,000円

■ 試験会場　　CBTテストセンター

■ 前提となる技術水準や出題範囲
　　　　　　　：別途調整とします。

■ 初級試験概要　設問数　40問
　　　　　　　　時間　1時間
　　　　　　　　合格ライン　7割正解
　　　　　　　　出題形式　選択式（複数または単一選択）

■ 上級試験概要　設問数　60問
　　　　　　　　時間　1時間30分
　　　　　　　　合格ライン　7割正解
　　　　　　　　出題形式　選択式（複数または単一選択）

 CONFIDENTIAL

P.13

▲ PHP技術者認定試験の概要

　13ページ目は、PHP試験の概要を説明したページである。

　ちなみに実際のPHP試験は上記に記載されているより安く実現している。実際は初級1万2千円（税抜）で上級試験が1万5千円（税抜）である。受験をする方からすると「高い！」と言われる金額だが、運営している側からすると、当時、運営メンバーは6年間ほぼ無給で運営していたこともあり、もっと値段を上げたいところでもあった。結果的には実施までに、コスト削減の工夫を行い、減額した金額で試験を実施できた。全国200か所で一年中受験ができる仕組みを運営するのはコストがかかるのである。コストを減額した方法は、設立時に記者会見、インタビュー記事の掲載などを試み、PHP試験の露出を上げ、支援者を増やし、支援することにより何らかのメリットが享受できる仕組みを作ったことである。

▲ テスト方式について

　14ページ目では、CBT方式とペーパー試験の方式の違いを記載している。協力者が増えれば、CBT試験を実施でき、それによりPHP試験の受験者が増え、PHP試験の成功の恩恵を賛同者が受けることを口頭で説明した。この際に、同時に複数の賛同候補者を訪問し、「A社とB社とC社が前向きに検討しています、貴社も参加しませんか？」と説いて回り、最後に「皆さんが賛同すれば、皆さんが利益を享受できるのです。参加しませんか？」と調整し、初期賛同者を得た。多くの日本人は**「成功するなら先んじて参加したい」**という状況が好きだ。成功するための候補者を中心に小規模のグループを作り、そのメンバーで立ち上げるというのは、業界団体や複数の提携によるビジネスモデルを立ち上げる時にとても有効である。

認定名称案

■ PHP[バージョン数値]技術者認定[グレード名]

■ 例：
  - PHP5技術者認定初級

P.16

▲ 認定名称案

　16ページ目は、試験の名称の付け方を説明している。試験名の付け方を説明するとより現実味が出てくる。また、賛同候補企業の決裁者は名称の決定プロセスに参加したい気持ちがあることが多い。名称の独立したページを作ることで、この企画書を説明する相手である決裁者と簡単な議論をすることが多くなる。それによって名称決定プロセスに参加いただいたという事実ができる。それにより、その後賛同を得やすくなるのだ。これはちょっとした「**周囲を巻き込む**」ためのテクニックの一つでもある。

▲ **出題範囲**

　17ページ目は、主教材から出題することを説明している。前述の鳥瞰マップでも説明しているが、A社のPHP書籍を主教材※とすることで、試験自体の信頼性が高まり、学習コストが下がり、受験したいという機運が高まることを訴えた。書影を記載することでより具体的に進んでいることを印象付けている。企画に興味を持った後に具体的な内容の記載がくると、心理的に**乗り遅れてはいけない**という意識が働く。そのためのビジュアルでもある。

※1 プレゼン資料に掲載しているのは、試験立ち上げ時期の書籍名と書影である。現在は、PHP5初級試験では『初めてのPHP5 増補改訂版』、上級試験では『プログラミングPHP 第3版』が認定書籍となっている。

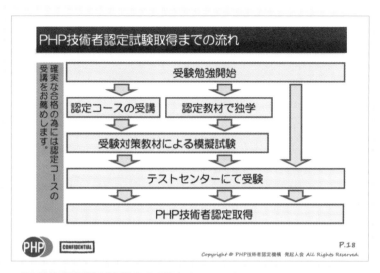

▲ PHP技術者認定取得までの流れ

　18ページ目では、受験方法をまとめた1枚の図を記載して試験を分かりやすくしている。この企画書では認定スクールの勧誘も行うため、左端に認定スクールのコースを推薦することを記載している。これにより賛同候補者は、認定スクールとして参加すれば推奨してくれ、参加しなければ競合が推奨されるという認識をするはずだ。

▲ PHP技術者認定スクールについて

　19ページ目には、認定スクールの条件を記載している。ここでは参加費として年間20万円という記載がある。実際には運営コストの低減により認定スクールの料金は年間10万円になったが、交渉相手がいる企画書において、金額はやや高めに設定しておいた方が後々進めやすい。最初に10万円として提示してあとから15万円に変えると、「値上げだ！」と反発が起こるが、最初に年間20万円としておいて後から15万円とすると「安くなった！」と喜ばれる。

　また余談になるが、日本企業では**決裁金額が10万円**という管理職が意外に多い。決済金額10万円というのは税抜きで10万円までの決済をその管理職の一存で決められるケースが多いということだ。決済金を超える参加料金かどうかで、賛同企業が多くなるかが決まる。稟議の上げ方が難しい寄付金や協賛金の一口の金額が10万円というのが多いのも、平均的な決済金額が10万円であるからだと思っている。

▲ 章立ての扉

　20ページ目の章立てのスライド。ここで予算案を含めて軌道に乗ることをシミュレーションしていることをアピールするべく、「予算案」ではなく、あえて「シミュレーション」という言葉を使った。「予算案」という文字を使うと、この資料を見ている人が予算を承認するような感覚になってしまうこともある。あくまで運営者と外部協力者は対等である意識を持ってもらうために「予算案」という社内用語を使用しなかった。

PHP技術者認定機構の現在について詳しくは以下のWebを見てほしい。
https://www.phpexam.jp/

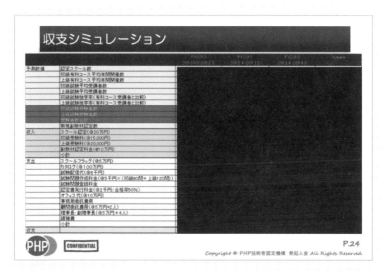

▲ 収支シミュレーション

　23ページ目は、3か年の収支シミュレーションの説明を行った。数字は墨塗になっているが、ここでは、項目に抜けがないかどうか、数値がおかしくないかなどの**ロジックと金額感**を見られる。決裁者は数字に強い人が多いので、ここでのロジックエラーが致命的になることがある。つまり数字に弱い代表者は結果的に経営も雑になりがちで、うまく行かないと思われる節があるからだ。実際に提出する前に何度か見直したほうが良い場所である。誤記として致命的なのは予算表以外に名前だったりする。名前も検索でチェックしたほうが良い。その際に画像で張り付けた部分がチェックで抜けることが多いので、画像で張り付けた部分は特に注意してチェックしたほうがよい。

　ちなみに、予算表の項目の作り方でも見やすさが違う。いっそのこと、会社の決算書の項目をもとに作ってもよいのだが、その場合、具体的に何に使用したかが分かりにくいため、私は大項目ごとに上記のような項目にまとめることが多い。

4 PHP技術者認定試験
企画書のプレゼンシーン解説と結果を得られるまでのステップ

　今回ご紹介した企画書は前章の最後でも紹介した奥義「上長と一緒に作る」を多用して作った企画書だ（実際にはこの企画は決裁者と一緒に作った）。この試験を企画した時点ですでにPHPの市場規模はとても大きなものになっており、名前の通った技術者もたくさんいる状況だった。そこで、いろいろな人を紹介しただき、さまざまな人から意見を頂き、作り上げた企画書だ。20枚程度の企画書だが、版としては10以上にもなった企画書である。その割には今読み直してみると、品質的にまだまだ改善の余地が多い企画書ではある。しかしながら、この企画書は多くの企業に賛同され、PHP技術者認定試験を無事世に出せたのである。皆さんにはこの程度の内容の企画書でも**要点を抑えていれば採用され、実現できる**ということを感じてほしい。シンプルな企画であっても賛同することのメリットを感じる内容であれば賛同いただけるのだ。最終的に主要な企業の賛同を得て無事記者会見を実施でき、試験も予定通り実施できた。

　主要な企業や個人を訪問した時に注意した点は以下である。

(1) 短期間になるべく多く訪問する
(2) できることできないこと、実施するために飲んでいただく条件などを明確に判断すること
(3) 組織の風土に合わない人にはこちらからお断りせずに、相手から断ってもらうように論旨を誘導すること

(1) 短期間になるべく多く訪問する

　起ち上げ時のヒアリングに時間をかけてしまうと、せっかく賛同いただいた企業の状況も変わってしまうので、短期間で訪問する必要がある。実際のファイル履歴を見てみると以下の通りだ。

図6 短期間に企画をしあげる

PHP認定試験20100319	2010/03/24 12:53	Microsoft PowerPoin...	3,690 KB
PHP認定試験20100325	2010/03/26 0:24	Microsoft PowerPoin...	3,695 KB
PHP認定試験20100329	2010/04/02 17:56	Microsoft PowerPoin...	3,749 KB
PHP認定試験20100408	2010/04/08 14:37	Microsoft PowerPoin...	3,848 KB
PHP認定試験20100410	2010/04/11 23:48	Microsoft PowerPoin...	1,235 KB
PHP認定試験20100413	2010/04/25 22:12	Microsoft PowerPoin...	1,341 KB
PHP認定試験20100413GR	2010/04/12 21:39	Microsoft PowerPoin...	1,284 KB
PHP認定試験20100425	2010/04/28 1:15	Microsoft PowerPoin...	1,238 KB
PHP認定試験20100503	2010/05/03 10:44	Microsoft PowerPoin...	1,374 KB
PHP認定試験20100515	2010/05/15 2:06	Microsoft PowerPoin...	1,462 KB
PHP認定試験20100520	2010/06/23 19:17	Microsoft PowerPoin...	1,465 KB

　上記は実際の私のPCの中に格納されている当時の資料だ。本当の第一版である2010年3月19日に作成した資料から始まって、2か月後の記者会見直前の2010年5月20日の資料までの期間は約2か月である。その間にあちこち訪問して版を10ほど上げている。このペースで訪問し、企画をブラッシュアップすると、良いものができるし、この勢いが賛同者を増やす副次的な効果も出す。一般論であるが、新しいものを作る時、中心的な人物が高速活動をすると、周囲は物事が動きそうな感覚になる。そうなると、その動きに乗らないと置いていかれてしまうという感覚になる人が多い。そういう人が増えるとまさに大きなうねりができるのだ。

（2）条件などを明確に判断すること

　短期間でいろいろな人に企画書のレビューをしてもらうと、さまざまな意見を頂く。良い意見もあれば無責任な意見もある。それらすべてに対して「そうですね〜！」とやっていては、企画のリーダーとしての資質が疑われてしまう。テキパキと判断し、ブレずに相互理解を促す論理展開をすることが望ましい。相手を打ち負かしては敵を増やすだけだし、すべて鵜呑みにすれば自分の立場が追々弱くなる。**相手の意図を理解し、相手には企画の良さを気付かせる**ような相互理解が好ましい。

　この手の交渉術は場数でうまくなるが、専門の書籍を読むとよい。お勧めはディベートのような論破ものではなく、ディシジョンメイキングを主題に扱ったディスカッションの書籍を読むと良い。やはりノウハウを頭に入れながら経験を積んだ方が、効率がよい。

（3）組織の風土に合わない人には、相手から断ってもらうように論旨を誘導する

　多くの企画は一人で実施しない。たいがいが複数人からなるチームで企画に取り組む。そこに不和を起こすような人材がいると、雰囲気が悪くなるだけではなく、判断や業務がとどこおるので、そういう人材を絶対に入れてはいけない。違う意見を持った人材がいるのはよいが、**輪を乱す人材を入れてはいけない。**

　企画のレビューで訪問すると、そういう人材に出会ってしまうことがある。そういう人材に対して参加を断ったりしてはいけない。敵に回すと面倒なのだ。また参加したい気持ちにもさせてはいけない。この企画を進めている際は、外部賛同社ではなく、理事として参加したいという人が多くいた。しかし理事に参加したいと言われる前に「今回はスピーディな運営をしたいので、最小構成の役員で進めたく、この役員構成にしました」とあらかじめ布石を打っていた。

　裏向きの意味合いとしては、試験団体はほぼ毎年のように買収や乗っ取りの話があり、乗っ取り防止のために役員数を増やさない運営を目指したのだ。

　考えてみてほしい。多くの受験者が取得した試験が、ある時、他の資本に売却されるような事態は絶対に避けたいものだ。PHP技術社認定機構は、PHPというオープン言語の性質からも、業界の中立的な団体であるべきであり、特定の企業の資本傘下で運営されるべきではないからだ。

（4）企画実施の結果

　本企画は多くの賛同社により骨子が固まり、最終企画書ができた2010年5月20日から2か月後の2010年7月26日に設立準備を発表する記者会見を開き、多くのメディアに記載された。その後、NPO法人として2度申請するも結果的に許可が下りず、NPO法人をあきらめることとなる。すでに賛同企業がPHP試験に対応したコースの開発も行っていたため、2011年2月11日に非法人のまま業界団体として設立した。PHP試験は経済産業省のITSSにも対応し、受験者数も順調に伸び、試験科目数も増えている。

第**11**章

実例編2
大ヒットした
WordPress書籍

1 実際の企画書2
大ヒットしたWordPress書籍

　続いて紹介するのはWordPrsssの書籍として大ヒットとした書籍の企画書だ。この書籍の企画者はプライム・ストラテジー株式会社取締役CMO西牧八千代氏だ。プライム・ストラテジーは、国内屈指のWordPrsssカンパニーであり、近年では世界最高速クラスのCMS実行環境「KUSANAGI」やWeb高速化エンジン「WEXAL® Page Speed Technology」の開発でも知られている。なかでも「KUSANAGI」は公開4年で累計3万台に導入されており、Webエンジニアであれば名前くらいは聞いたことがあるのではないだろうか。同社が企画・執筆したWordPress書籍の企画書を紹介していく。

　この本の読者の中には将来書籍を執筆したいと考えている人もいるのではないだろうか。本物のヒット書籍の企画書はそう見れるものではない。是非参考にしてほしい。

2 大ヒットしたWordPress書籍
企画の概要を「鳥観マップ」と 「ロジックの三角形」で解説

　この企画書は2012年5月に書いたものだ。プライム・ストラテジーが KUSANAGIを世に出し、社業の主軸をKUSANAGIを中心にすえたマネージ ドビジネスに舵を切る前の話である。当時のプライム・ストラテジーは WordPressでのNo.1インテグレーターを突き進んでいた時期であり、 WordPressのさらなる普及や市場の拡大、WordPressに関連したブランド の強化や、顧客層への社名のリーチなどが会社としての狙いだったと推測 する。この本を取り巻く状況を鳥瞰マップにしてみると図1のようになった。

　下記の鳥瞰マップをもとに書籍の企画をロジックの三角形に落とし込ん でみると図2が作れる。

図1 WordPress書籍の鳥観マップ

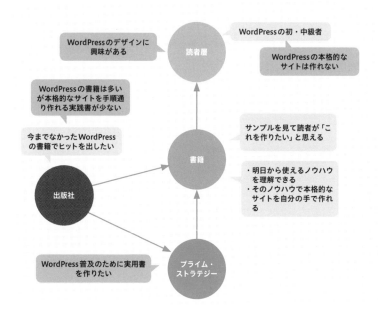

図2

WordPress普及のために実践書を作りたい

主張

WordPressの書籍は多いが、本格的なサイトを手順書の通り作れる実践書が少ない。また、魅力的なサンプルを掲載することでより実践してみたくなるため

市場として母数が多いWordPress初級・中級者が求めている書籍だから

有効であることの証明

理由付け

　WordPressはバージョンアップのサイクルが速く、書籍を見ながら本格的なWordPressサイトを手順通り作れる書籍があまりなかった。なぜなら本を書いているそばからWordPressのバージョンアップしてしまい、書籍が出るころには本の内容が古くなってしまうからだ。本書の企画は、その壁を越えた書籍の企画であり、それゆえにヒットになった。

　それでは実際の企画書を見てみよう。

3 大ヒットしたWordPress書籍
実際の企画書と細かいテクニック

　ここでは第三者である私が見て、この企画書について気づいた点や、良いと思った点を説明していく。参考になるところがあれば幸いである。

▲ 表紙

　表紙は、書籍タイトル案とした。最終的にこのタイトル案は採用されなかったが、「WordPressで作る本格スマートフォン対応サイト」というタイトルはとても分かりやすく、しかも長くないので、良いタイトルだったと思う。書籍のタイトルとしてはなるべく短く内容が一目で内容がわかり、インパクトがあるものがよいと思う。

▲ **目論見**

　2ページ目に発売時期と見込み部数が掲載されている。表紙に記載されているタイトルで、書籍の概要がわかり、2ページ目で時期と目標部数が書かれているので、**おおよその企画の骨子**が見える。技術書籍は通常5千部が売れればよい線だと言われる中で、出版社にとって魅力的な話だと思う。しかし、1万部という数字は、過去にプライム・ストラテジーが執筆した書籍の発行部数実績を見れば決して多すぎない数字である。

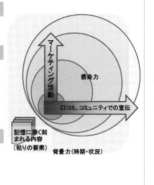
▲ 市場観

　企画を受け取る出版社側としては当然、見込み部数が本当に実現できるのか気になるはずだ。そこで、3ページ目に見込み部数達成のためのフレームワークを書いている。

　このページではヒットした前作よりも広範囲にリーチし、かつ深堀りする書籍とするロジックを提案した。また、当時がこの書籍の出版の良いタイミングあることが書かれている。企画の実行承認を得ようとするときに、意外に見落としなのが**「なぜ今やるべきなのか」**である。実際の企画でこの「なぜ今なのか」が弱いと、先送りにされることもしばしばある。企画を作る際に「なぜ今なのか」のロジックが抜けないようにしてほしい。

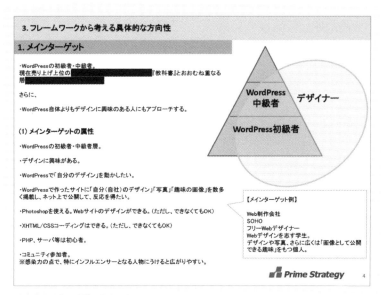

▲ メインターゲット

　目標達成のロジックの次は、目標達成をするためのターゲット市場についてもう一歩踏み込んで説明している。

　このページの良いところは、**メインターゲットの定義を明確に文字で説明**しつつ、**分かりやすい図と例**で説明しているところだ。見ての通り、メインターゲットの属性の定義で使用している文章が多い。文章だけだと、範囲が広く理解しにくくなるが、図と例を用いることで、定義文章が多くてもイメージを明確に持てるようになる。

▲ ターゲットが求める内容

　ここまででターゲットの範囲とその属性を明確にした。5ページ目で はそのターゲットが書籍に求めるものを例を用いて説明している。こ のページに書かれている内容を書籍にすれば売れるというロジックを 作っている。

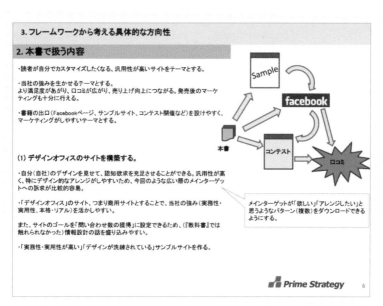

3. フレームワークから考える具体的な方向性

2. 本書で扱う内容

・読者が自分でカスタマイズしたくなる、汎用性が高いサイトをテーマとする。

・当社の強みを生かせるテーマとする。
より満足度があがり、口コミが広がり、売り上げ向上につながる。発売後のマーケティングも十分に行える。

・書籍の出口（Facebookページ、サンプルサイト、コンテスト開催など）を設けやすく、マーケティングがしやすいテーマとする。

(1) デザインオフィスのサイトを構築する。

・自分（自社）のデザインを見せて、認知欲求を充足させることができる。汎用性が高く、特にデザイン的なアレンジがしやすいため、今回のような広い層のメインターゲットへの訴求が比較的容易。

・「デザインオフィス」のサイト、つまり商用サイトとすることで、当社の強み（実務性・実用性、本格・リアル）を活かしやすい。

また、サイトのゴールを「問い合わせ数の獲得」に設定できるため、（『教科書』では触れられなかった）情報設計の話を盛り込みやすい。

・「実務性・実用性が高い」「デザインが洗練されている」サンプルサイトを作る。

> メインターゲットが「欲しい」「アレンジしたい」と思うようなパターン（複数）をダウンロードできるようにする。

Prime Strategy   6

▲ 本書で扱う内容

　6ページ目は書籍で扱う具体的な内容を記載しているが、ここでも**図と例**を用いて説明している。パッと見で理解できる企画書を作る際に図と例というのは必須だと思う。

3. フレームワークから考える具体的な方向性

(2)スマートフォン（以下、スマホ）対応とする。

・スマホサイト制作の顕在的・潜在的ニーズがある。

・Webデザイナーが手軽にスマホサイトを作れるjQuery Mobile関連の本（███████████████）が出ている。

・WordPressとスマホの組み合わせ（しかもWordPress上で一元管理できる）を丁寧に扱った類書はまだない。

そこでこれから出てくるであろうWordPress×スマホ書籍に先んじて、「スマホ対応サイトをWordPressで実現したいなら、必ず本書を買う」ようにする。

・jQuery Mobile関連書籍のAmazonレビューを見ると、スマホのデザインはデザイナーに受ける傾向にあることがわかる。

・スマホサイトは（PCサイトと比較して）要素が少なくシンプルなため、デザインがしやすい。うまくデザインできれば、かなり本格的なものに見える。

・スマホは、「自分で作ったものを見せたい」という、デザイナーの欲求を充足するツールとして最適（友達同士で見せ合うというスマホ文化が根付いている）。

・コンテストにエントリーしてもらいやすい（後述）。

・徹底して使いやすく、ユーザビリティが高く、情報設計にこだわった実務性の高いスマホサイトをサンプルにすれば（またパターンをダウンロードできるようにすれば）、それをアレンジして「自分のスマホサイト」を作りたいというウォンツに真正面から応えられる（→本書が買われる）。

しかもWordPress上でPCサイトと一元管理できるものにするので、スマホサイトだけを作るjQuery Mobile関連書籍などと比べても、本書を購入するメリットがかなり大きい。

米国消費者の50.4%がスマートフォンを使用、うちAndroidが48.5%
（中略）
若いユーザーたちのスマートフォン率が最も高く25-34歳世代の3人に2人が利用している。

（Tech Crunch JAPAN 2012年5月8日 より）

ニールセン調査:米国消費者の50.4%がスマートフォンを使用、うちAndroidが48.5%

Google トレンド「jQuery Mobile」

Prime Strategy   7

▲ **本書で扱う内容**

6ページ目に引き続き、書籍で書く内容を説明している。

ここまで読み進めて気が付いた方も多いとは思うが、この企画書は**左側60％で本論を書き、右側40％で補足のための図や例、データ**を記載している。この整理の仕方はとても読みやすく理解しやすい。是非参考にしてほしいところだ。

3. フレームワークから考える具体的な方向性

(3) 書籍とリアルの融合・循環を、「仕組み」を作って追求する。

・サンプルサイトやFacebookページへの誘導を書籍内で行い、口コミを広げる。
『教科書』のときよりもさらに仕組み化して行う。

・デザインしたサイトのコンテストを開催する。
書籍内では「履修した」といえる区切りをうまく設けて、最後まで読了しなくてもコンテストにエントリーできるようにする。
区切りを設けることには、早い段階でレビューを書いてもらえる、口コミされるというメリットもある。

■■ Prime Strategy   8

▲ 拡販の方法

　8ページ目は、書籍の出口としての**拡販の方法**を例示している。

　最近の傾向として書籍だけで完結せずに、出版後も認知度が上がったり、何かに参加できるきっかけになったりと、書籍の出口企画まで用意して出版することが多いように思える。書籍の執筆を考えている方は是非参考にしてほしい。

3. フレームワークから考える具体的な方向性

3. 形式

- 読者の満足度がもっとも向上しやすい形式を採用する。満足度の向上が、レビューや口コミ、そして売り上げにつながる。

- WordPressやWebデザインの分野で、現在売り上げ上位の書籍が採用している形式を踏襲することで、「確実に」一定程度以上の売り上げ部数を獲得できる。

そこで、「ステップバイステップ」形式を採用する。

- とにかく丁寧。わかりやすい。(ステップ飛ばしや中途半端はNG)
- 最後まで読み続けられる。達成感を得られる。挫折しない。
→満足度が向上し、口コミが広がることで、売り上げが上がる。

- 各ステップで行う作業は、XHTML/CSSの記述が中心。

- (Webデザイナー向けに)psdのダウンロードデータを使って、自分なりに色変更等のカスタマイズをして使うこともできる。

- PHPの記述はメリハリをつける。書くことによる充足感と、プラグインを使うことによるサクサク感、両方をバランスよく体験してもらう。

- 本格的なことをできるような気分にさせてくれる。

- 書籍内で扱うサイトは一つに絞り、とにかく丁寧に、絶対に挫折させないようにする。
- 書籍内で区切りを設けて、段階ごとに「踏破した」といえるようにする。
そうすることで、挫折の可能性が下がるとともに、「ここまで終わった」と口コミしやすくなる。コンテスト開催企画などでは、早い段階でエントリーできるようになる。

WordPressのほか、Webデザイナー向け書籍で現在売り上げ上位の書籍は多くが(というかほとんど)ステップバイステップ。

Prime Strategy   9

▲ 失敗例と成功例

　9ページ目では、売れる書籍となるためのコンテンツの**成功要因**を書いている。第10章のPHP試験の企画書で、失敗例と成功例を紹介したページを作っていたのを思い出してほしい。失敗や成功の例を書くと、その企画が成功するために何をすればよいかが理解しやすくなる。そして、その企画者が**当該分野**で**経験値が高い**ことを間接的に証明できるのでお勧めだ。1ロジックで2度おいしい書き方なのだ。企画書を作る際に是非取り入れたい要素である。

1. タイトルについて

・仮題を次のように設定する。

『 WordPressで作る 本格スマートフォン対応サイト 』

仮題はあくまで、書籍を作成していく際に、内容の軸がぶれないようにするためのもの。

・最終的には ▆▆▆前作書籍名▆▆▆ のような、内容を的確に反映していて、キャッチーで、かつ、呼びやすいタイトルが必要。口コミがされやすい。書籍のタイトルで検索されたときに、必ず本書が特定され、本書についてのレビューなどが見てもらえる可能性が高い。

2. 発行部数について

特に初版については発行部数を下げる。

そうすることで重版になる時期が早まる。重版自体が一つのイベントとなり売れる契機となるのはもちろん、「発売開始〇週間で早くも重版」といった重版になるまでの期間が短いということが強力なアピールポイントとして口コミに使われやすい。

Prime Strategy 10

▲ タイトル、発行部数

10ページ目は補足事項だが、ヒット書籍の作り方を熟知していることがうかがえる内容だと思う。この企画書を見る相手側が既に知っている内容の可能性もあるが、その企画が**成功するエッセンスやキーポイント**は必ず書いておいた方が良い。

4. 補足事項

4. 目次案(ラフ)

はじめに
目次
この本でできること
この本で作るサイトの構成図
この本の使い方

第1部 基本デザイン設計編

1章 情報デザイン
・PCサイト、スマホサイト、
タブレットサイトの各役割
・情報設計

2章 装飾デザイン
・デザインデータでデザインする
・オリジナルデザインにチャレンジ

3章 運用設計
・PCとスマホの切り替え
・ソーシャル

第2部 PCサイト編

4章 まず表示させてみよう

5章 WordPressの基本設定
・基本のPCサイトを完成させる
・親テーマ・小テーマ
・エントリーしてみよう

第3部 スマホサイト編

6章 スマホ用サイトをデザインしよう
・デザインデータでデザインする
・jQuery Mobileで手軽に本格デザイン
・スマホのデザインにチャレンジ

7章 スマホ用サイトを構築しよう
・プラグインの導入

8章 スマホ用サイトをWordPressで動かそう

9章 コンテストにエントリーしてみよう

APPENDIX

・レンタルサーバ
・XAMPP環境
・WordPressのインストール
・高度なTips

Prime Strategy   12

▲ 目次案

　最後に章立てのラフ案が記載されている。章立ては1ページで見られる方が全体を見やすいと思う。また、章立てを見ればその書籍のおおよその中身が理解できるので、結構重要だ。書籍の企画を立てる人はラフ案といえども章立てはしっかり作ったほうが良い。

この企画書の良かった点のまとめ

この企画書は全体を通して以下が良い点だと思う。

- 重要なロジックやキーポイントでは必ず、図や例、データを用い、説得しやすい内容にしている。
- 本筋の内容は左側に、補足情報の図や例、データは右側に統一して配置し、紙面構成も理解しやすい構成になっている。
- 本を売るための具体的な手法やテクニックを書くことで、企画者が企画内容に精通し、実力があることを間接的に理解できる内容になっている。

パッと見で正確に理解でき、書籍が売れる可能性が高いことと、その実力が企画者に備わっていることが間接的に理解できる良い企画書だと思う。書籍を執筆したいと思う方は是非参考にしてほしい。

第12章

実例編3
新会社設立

実際の企画書3
新会社設立

　次に紹介するのは、某上場企業の子会社の設立を画策した時に使用した企画書である。1億円の出資を取り付けた企画書ではあるが企画書本体としては1枚でまとめている。実際には3か年予算表や製品企画、販促企画などなど、合計で100ページほどになる補足資料を用意したが、その会社の経営会議で説明したのはこの1枚である。企画書は長ければよいというものでなく、シンプルで分かりやすく、インパクトがあるものが良いと考えている。そのサンプルとして紹介する。

新会社設立
企画の概要を「鳥観マップ」と「ロジックの三角形」で解説

　この企画書を作成したのは、某上場企業の顧問をしていた15年以上前のことである。当時は将来のその会社を支える次世代の若者の全社横断的なプロジェクトが存在しており、私はその相談役として外部から招かれていた。私を顧問に推薦してくれた若い役員が、一緒に仕事をしたことがある友人であり、そのご縁というわけだ。

　ある時、その会社で次世代の若者を育てるべく、ベンチャー企業支援制度を立ち上げるという話になった。そこで、最年少役員だった友人が、その先例として新会社設立の企画を立てることになったのだ。その友人はソリューションアーキテクトとしてセンスがとても良く、技術力と企画力と実現力を持った若者だった。彼が設計して成功したプロダクトはヒットし、多くの日本人が使っている製品であり、サービスなのだ。彼には才能があるが、実は社長業には興味がなく、技術責任者として生きていきたいと思っていた。そこで彼は「吉政さん、俺、社長やりたくないからやってくんない？」という話を私に切り出し、社長になりたかった私は二つ返事で受けることにした。

　その時の若いメンバーで毎週のようにファミリーレストランにこもって作り上げた企画の鳥観マップは図1である。

図1 新会社設立の鳥瞰マップ

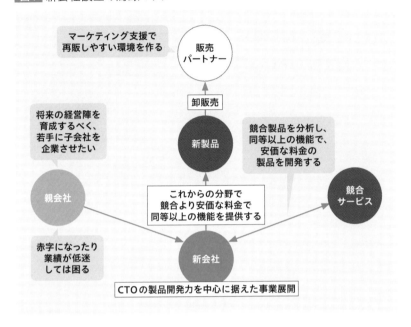

当時の新会社CTO候補の人材は、若くして上場企業のCTOを担当していた製品開発力の高い人材だった。そこで、その高い製品開発力を生かして、競合製品と同等以上の機能を実現したうえで、最新技術を導入した差別化された機能を安価に実現し、私のマーケティング力で販売パートナーを支援して売り上げを上げるというビジネスモデルだった。

この企画のロジックの三角形は図2である。

ロジックの三角形としてはかなり粗い。しかしながら新規授業による新会社設立は、実施してみないとわからないことが多いので、過去の実績や同じようなケースから推測する方法で、成功の可能性を推測することも多い。

図2 新会社設立のロジックの三角形

競争力がある製品を
開発できる会社を立
ち上げたい

主張

新会社CTOをはじめ
とする開発メンバー
の製品開発力が高く、
過去の実績からも競
争力がある製品を開
発できると考える

有効である
ことの証明

理由付け

良いIT技術を安価に
製品化することで利
用者のビジネスや生
活が向上すると考え
るから

新会社設立
企画書の解説

さて、当時経営会議で使用した本物企画書を紹介する。かなり小さくて
読みにくいが実際はA3サイズで印刷されている。拡大して確認するには、
付録のダウンロードデータも参照してほしい。

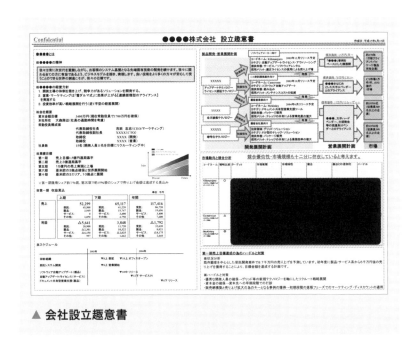

▲ 会社設立趣意書

この企画書はやや粗削りだが、子会社設立の**判断をする情報**が凝縮さ
れて記載されている。

経営方針、役員構成、業績目標、収益予測、スケジュール、製品開発・
営業展開計画、競合分析、実現に向けてのハードルと対策が書かれてい
る。ここに至るまで、何度も改訂し、当時の取締役からレビューも受けて

いたので、やや若さが残るものも企画書としてきれいにまとまった内容になっている。やや若さがあるとは、冒頭に新会社の精神が書かれている点だ。

●●●●社の精神

「我々は常に次世代を意識しながら、お客様のシステム基盤となる先端固有技術の開発を続けます。我々に関わるすべての方に有益であるよう、ビジネスモデルを描き、実現します。良い技術をより多くの方々が安心して使うことのできる世界の想像こそが、我々の目標です。」

賛否両論あるかもしれないが、私は会社精神が文化を作り、その文化が会社の中の常識を作り、大きく業績に影響を与えると考えていた。今もそのように考えているが、その精神が全体の文章にあまり反映されていないところがまだ若いと思うのだ。企画書のロジックとしてはきれいにまとまっているが、会社精神を反映したほうが品質としては向上したと思う。

ちなみに出資を得られるかどうかの判断を得るためには、安定した収支の拡大をいかに証明できるかが重要だ。この企画は競合製品と比較したうえで、対象市場規模と競合製品の売り上げから導き出せるので、収支予測は比較的簡単に導き出せた。ざっくりではあるが、以下のような計算で導き出していた。

対象市場の全体売り上げ×市場成長率×獲得シェア＝見込み売り上げ

また、獲得シェアについては1年目で5％を獲得し、2年目で10％を獲得できるように製品を開発し、マーケティングを展開するという説明をした。このように説明すると他の役員から「本当に取れるのか？」という質問が出てくるので、競合製品との比較表を説明し、勝てることを都度証明していた。なぜ5％なのか10％なのかという点は厳密には導き出せないため、手法を説明したうえで、最後に「5％取れるように動きます」と押し切っていた。役員レベルの話になると、最後は自分の実力と責任において、実現できることを証明するというのは、割とよくあるロジックである。

4 新会社設立 企画実施の結果

　この企画書は経営会議を無事通過し、書類もすべてそろい、大手都銀で口座まで用意し、当時の役員候補からの準備金が振り込まれ、いよいよその上場企業からの入金を待ちつつ、法務局に提出する書類を準備していた。ようやく私も社長になれると思っていた矢先に、その上場企業からベンチャー支援制度第一号の会社の社長は当社の社員であってほしいということで、私に副社長に降りてほしいという依頼が届いた。サラリーマン時代の自分は、やりたいことがなかなか実現できないというジレンマを抱えて独立したので、この依頼を断り、設立メンバーから抜けることにした。結局、この会社は設立されなかったというオチになるのだが、上場企業の経営会議を通過した企画書なので、内容としては参考になるところが多いと考えてここに紹介した。

　さて余談になるがその後のできごとも反省を込めて書くことにする。新会社が成立しなくなったことを社員として参加予定だったメンバーに伝えたところ、すでに退職願を出していたメンバーもおり、後に引けない状況になっていた。私はその人の人生を変えてしまったのだ。本当に申し訳ない。当時の創業メンバーだった15人のうち8名が、私ともう一名が代表になった別の新会社に参加することになった。メンバーは皆よく働き成果もあげ、社員の年収は二倍近くに増えた。軌道に乗った会社はメンバーが以前からやりたかったゲーム開発ビジネスを始める。私はエンタープライズビジネスをやりたかったので、株をメンバーに売却し、代表を退く。その会社は今も存続している。企画書は人生を変えるきっかけを作るのだ。

5 | 実例編のまとめとして
承認される企画書の法則とは？

　3つの企画書を通して気が付いてほしいことをまとめてみる。この3つの企画書はすべて承認されている企画書である。つまりロジックの三角形や鳥瞰マップも検討者・決裁者が納得するものだったということだ。企画書が書かれた時期は比較的新しいものから古いものまである。読み返してみると今の時代とは合わないような内容も書かれている。このことから導き出される第一点目は以下である。

> **承認される企画書の法則1：**
> 企画書は決裁者を取り巻く状況や決裁者の意向にあっていないと採用されないので、鳥瞰マップをしっかり作って、決裁者とその周囲を把握しておこう

　また、3つの企画書はページ枚数がバラバラだ。PHP技術者認定機構の企画書は25ページ、書籍の企画書は12ページ、新会社設立の企画書はわずか1ページだ。PHP技術者認定機構の企画書はさまざまな会社のさまざまな担当者に見せる共通の企画書である。よって誰が出てきても対応できるようにいろいろなコンテンツを盛り込んでいる。相手に合わせて説明を飛ばしたりしながら、**即興で説明する内容を切り替えるための企画書**になっている。書籍の企画書は出版の担当者に対して1時間程度の時間を頂きじっくり説明し、その後出版社内部で回覧されても大丈夫なように、シナリオがしっかり書かれている企画書になっている。新会社設立の企画書は上場企業の経営会議15分間で決済を得るための企画書なので、一目でわかるように1ページにまとめてある。このことから言えるのは以下である。

> **承認される企画書の法則2：**
> 鳥瞰力を生かして、状況に合わせて企画書の書き方も変えよう

実はPHP技術者認定機構と新会社の設立の企画書には補足資料が存在している。新会社設立の企画書に至っては、補足資料が60ページほどもあった。決裁者に直接説明する場合は、その貴重な時間を使って、決裁者の疑問にすべてこたえられるように準備をしておく必要がある。タイミングを逃すと、決裁されないことも多いからだ。最初の企画書に細かいデータを盛り込み過ぎると、理解しにくくなるため、メインの企画書はわかりやすくまとめておき、**質問があった時のために補足資料を用意しておく**のが定石である。資料が用意されていると企画者としての信頼も上がるのでぜひ準備しておいてほしい。このことからわかることは以下である。

承認される企画書の法則3：

鳥瞰力を使って、相手が理解しやすい企画にシンプルにまとめ、相手が質問しそうなことを補足資料として準備しよう

第13章

離職率を下げる企画を
考えてみよう

Introduction

　この章は、第2編から第4編までに紹介してきた企画書作成のノウハウの大集成として、実際に新しい企画を一緒に作っていくハンズオン式のコーナーにしたいと思う。テーマは私の専門分野でもある**エンジニアの転職・雇用**に関するものになるが、エンジニア諸氏であれば実際に転職経験者も多く、ある程度、自分事として考えやすいテーマではないだろうか。

　日本全体では、1社あたりの平均就業年数は年々向上している。それが良いかどうかはわからない。ただ、転職回数が多いと確実に信頼が下がっていく。仮に3年ごとに転職をしていくと大学卒業から18年を経過した40歳で6回転職することになる。IT業界においては3年経つと技術が変わるから、会社のほうが3年保たないことも多い。ちなみに私は新卒から3年ごとに転職したら社会的な信頼が落ち、転職先が全く見つからなくなった時期があった。当時のことをコラムにしている。興味がある方は読んでほしい。

　伝説的な給与を獲得後に没落、でも起業で復活した男の話
　https://news.mynavi.jp/series/secretofsuccess

　私は運よく復活できたが、結構な人数が40歳を超えて業界から消えていく。一方で年金受給開始年は引き上げられ、今の若者は80歳くらいまで働くことになるかもしれないと思う。もしも3年ごとに転職したら、転職回数は20回ほどにもになりそうだ。それだけ転職すれば信頼は薄く、よいオファーは来づらいだろう。そもそも仕事がないかもしれない。だから安易な転職は避けて長く働けるいい会社で経験を積み上げるのが一番いいと思う。

　とはいっても社員としてはいいオファーがあれば転職したくなるのである。同じ働くなら条件が良い方がいいからだ。しかし雇う側からみると、3年で辞められると正直痛い。有能な管理職の場合は、抜けられると優秀

な社員を連れていかれたりすることもあるし、代わりの管理職を探すのも結構大変だ。管理職でなくても3年で辞められると、元が取れないことがある。例えば、1名の社員を雇用するのに平均的な求人広告費は70万円前後かかると言われている。入社後にかかるパソコンなどの設備に研修費用など、会社が負担する金額はほかにもある。一般に5年くらい働いてくれると会社としてやっと元が取れるような感じだろうか。

　ざっくりした計算になるが、会社が負担している1名当たりのコストは給与とほぼ同額である。30万円の給与を会社が支給している場合、社会保険料、設備代、オフィススペース代、交通費、などなどを足していくと大体倍になるという計算だ。さらに、総務や人事部などの管理部門のコストやそもそも入社前にかかっていた求人コストや、入社後の研修コストなどを加味していくと、月30万円の社員を雇用して、1人月80万円くらいお客様から頂いても、儲けはあまり出ない。非稼働日数も絶対に出てくるのでなおさらなのである。

　そんな状況で、社員が成長して大手企業に引き抜かれたりすると、社長や管理職は心の中で「いい会社に決まったな、おめでとう。でも今抜けられると痛いんだよ」と思ったりする。社員が辞めると、ぶっちゃけ痛い。そういうこともあり、多くの会社では**離職率を下げる**ことが課題になっている。離職率を下げる企画は話を聞いてくれる管理職が多いはずだ。

　そこで、今回は特別企画ということで、本書の読者向けに企画を作ってみたいと思う。なお、ここで私が作成する企画は私の個人の意見なので、すべての会社で採用されるわけではないと思う。あくまで一例として参考にしつつ、みなさんも自分の企画作りを行ってみてほしい。

　ちなみにソフトウェア業界は、世界でも珍しいオーダーメイド中心の業界なのだ。世界的に見てもオーダーメイド中心の業務は建設業界とソフトウェア業界くらいしかない。一方で建設業界は大手も中小企業も就業年数が長いように思える。もしかしたら、親方、棟梁、大工などなど、そのあたりの仕組みがヒントになるのかもしれないと思っている。

1 | 紙上ハンズオン
企画の対象となる会社の
前提定義と鳥瞰マップ

　実際の企画の話に掛かっていこう。まず、対象となる会社の状況を簡単に定義しておく。

対象企業概要
- 本社：東京
- 設立：20年が経過
- 従業員：50名
- 事業内容：ソフトウェア受託開発、SES、派遣

　日本に大量に存在する一般的なソフトウェア開発会社だと思う。日本のIT業界は20年も30年も前から慢性的な人材不足であり、技術者を確保すれば、とりあえず売り上げが上がる時代だったのだ。その時代にカリスマ性がある技術者やIT派遣営業マンが大量に起業して、結果的に今回のような中小ソフトウェア会社が大量に存在している。

　そして、数年前からクラウドの波が訪れており、クラウド上でサービスを提供しているプロバイダーに人を引き抜かれるケースが増えているようだ。総務省の統計を見ると受託開発の市場規模はむしろ増えており、好況なのだ。一方で20代後半から30代の若手技術者が高収入で見た目も派手な、クラウドサービスの会社に大量に引き抜かれている。Facebookをやっていると、さまざまな転職の流れが見えるのだが、ゲーム会社に大量に流れたり、EC会社に大量に流れたりと、民族移動みたいな感じに人が動いていく。その流れに敏感に反応した若者は「とりあえず、どうしても転職しないといけない」と思ってしまうケースもあるようだ。

現状を表す鳥瞰マップを作成する

対象企業の社員の典型的な状況を鳥瞰マップで表してみた。

図1 離職率を下げるための鳥瞰マップ

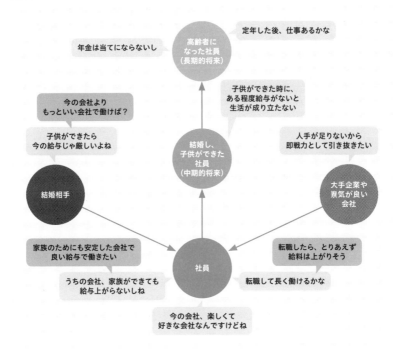

紙上ハンズオン
離職を防ぐ企画のロジックの三角形を作る

　さてそのような状況を踏まえ、以下の通り二つの企画のロジックの三角形を導き出した。

　　企画1：家族手当と子育て支援手当を導入する
　　企画2：定年後年間契約制度を導入する

　ここで企画の背景を述べると、やはり退職の理由がこの2点に関わるからだ。退職理由にはさまざまな理由があるが、今回の企画は会社に残ってほしい人材（本来長く働ける優秀な人材）が退職してしまう理由を軽減するために、上記の二つの企画がふさわしいと考えた。
　以下では、それぞれの企画について、ロジックの三角形と今回作成した企画書を紹介する。
　では、それぞれの企画を成立させるためのロジックの三角形を書いてみよう。

企画1「家族手当と子育て支援手当」のロジックの三角形

　企画1は、ベンチャー企業でありがちな、そもそも給与が独身向けになっていて、結婚した時や子供ができた時に給与が安いために辞めなければいけなくなってしまうパターンだ。結婚や子供を理由に昇給をさせることはできないので、手当を支給する方法だ。

主張：家族手当と子育て支援手当を導入する
理由：結婚をするタイミングや結婚を意識したタイミングで技術者が辞める傾向があり、また退職理由の一番に給与が上がっているため
データによる証明：家族手当と子育ての導入により、年間360万円のコスト増が発生する。結婚時に退職する社員数が50%に減少すると仮定するこ

とで、後任の採用コストや教育コストが削減でき、年間で1110万円の利益が出る。

データによる証明の部分で収支計算による証明を使った理由を補足する。給与や手当など企業にとって定常的にコストが発生する場合は、どんなにいい企画だったとしても収支で黒字化することを証明できなければならないからである。定常的にコストが発生する場合は会社が赤字化する可能性があるため、金額にもよるが決裁されないことが多い。

図2 家族手当と子育て支援手当のロジックの三角形

家族手当と子育て
支援手当を導入する

主張

家族手当と子育ての導入により、年間360万円のコスト増が発生する。結婚時に退職する社員数が50%に減少すると仮定することで、後任の採用コストや教育コストが削減でき、年間で1110万円の利益が出る

データによる証明

理由付け

結婚をするタイミングや結婚を意識したタイミングで技術者が辞める傾向があり、また退職理由の一番に給与が上がっているため

企画2「定年後年間契約制度」のロジックの三角形

　さて、会社が大切にするべき、転職しにくい人材が**より長く働ける環境**を実現するための企画2は、建築業界をヒントに考えた。建築業界はかなり高齢になっても職人として仕事を続ける人が多い。一方でIT業界の会社はというと、一律の定年があり、しかも役職定年という仕組みまである。健康であっても健康でなくても能力が高くても低くても、年齢でバッサリだ。考えてみればずいぶんひどい話である。社員が働ける限りは働け、適正な対価をもらえる会社であれば、社員が長く働きたいと思うはずだ。
　そこで、「ロジックの三角形その2」は以下とした。

図3 定年後年間契約制度のロジックの三角形

定年後は能力に応じた個別契約給与制度に変更する

主張

持ち出しのコストは発生しない。定年後に役職定年となり、能力を生かしきれない社員の能力を生かせるため、会社の生産性が向上する。職人的人材のほうが定年後も個別契約しやすいので、管理職不向きな職人的人材が働きやすくなる

データによる証明

理由付け

定年後も年間更新の契約にすることで、社員の能力や体力に見合った適正な仕事を将来にわたって得られ、長く働きたいと思う社員の離職率が減少するため

改めて転職理由を他社と比較して見る

　私は、中小ソフトウェア開発会社が、大手企業やクラウドサービス会社並みに給与を支払えば離職率が下がるかといえば、実は下がらないと読んでいる。経験上もこの一手だけでは離職率を大きく下げることはできない。効果はある程度あるが決定打にはならないのだ。理由は簡単で、中小ソフトウェア開発会社と上場しているピカピカのクラウドサービス会社が同じ給与でも、ピカピカな会社のほうで働きたいと思うからである。つまり、離職率を解決するには、給与だけでは何ともならないのである。結婚するとなると、結婚式代がかかったり、結婚後に子育ての費用が掛かったりするので、給与は離職の最大の理由になる。しかし、離職理由はそれだけではない。前述の鳥観マップに書いてあるが、社員が今後の進路で気にしていることは、1.子供ができた時など必要な時に、**見合った給与がもらえるか**どうかと、2.**長く働けるか**の二つなのである。よって、この二点に対応した企画を考えた。

　さて、中小ソフトウェア開発会社と転職先の候補であるクラウドサービス会社を以下の表で比べて見ることにする。

表1 他社との比較

	就業中の中小ソフトウェア会社	転職先の候補としてのクラウドサービス会社
長く働けるか	社員がすでに長く働いている場合は、本人は長く働けると思っている	転職先で働いてみないとわからない。定年もある
給与	——	オファーを考えるような条件であれば給与は転職後のほうが上がっているはず
将来性	受託開発会社は古いイメージで将来生き残っているかが不安	オファーを考えるような会社であれば、将来性を感じているはずである
職場環境はどうか	長く働いている社員であれば会社や環境を評価しているはずだ	転職先で働いてみないとわからないが条件的によさそうである

　当然ほかにも比較基準はたくさんあるだろうが、この4点で比較してみた。その理由は、転職希望者にとって転職先候補のクラウドサービス会社

は働いたことがない会社なので、本当に働けるかどうかの不安が必ずある
はずで、その比較の結果が離職率を下げるきっかけに関係があると考えた
からだ。ちなみにこの比較表は比較対象がクラウドサービス会社でなくて
ほかの会社でも応用が利く。

　一方であえて書くまでもないことだが、どんな施策をとっても必ず転職を
してしまうような人種もいる。働きやすい環境で、管理職のポジションもも
らい、年収は一般的なサラリーマンの4倍から5倍もらっても、さらにいい
オファーが来れば、ホイホイ転職してしまう、私のような若者も一定数存
在する。離職率を下げるという企画においては、このようなあらゆる面で
施策が通用しない人種は対象としないのがよい。

今回比較表を使って説明しているが、比較表は比較対象が少な
く、比較する共通項目が存在するときに使うことが多い。また、
今回のように調査データを用意できていなく、一般論で比較する
場合なども説得力が増し、理解しやすいのでお勧めである

　ひるがえって、離職防止対策をするべき、本来は転職にしにくい人材は
次のような人だと思う。

- 環境を変えるのが好きではない人
- コツコツと努力を重ねることが好きな人
- 愛社精神が育成されそうな人

　上記のような人材が長く働けるような会社環境を作るとかなり離職率が
減るはずである。ちなみに入社面接の時にこのような人材を選別できると、
離職率は下がりやすい。最近の性格診断サービスはかなり高機能でよく当
たるため、評判が良い性格診断サービスをぜひ使っていただきたい。入社
後に問題を起こしやすい社員の傾向などは本当にズバリ当たるので、驚き
の精度である。

3 紙上ハンズオン
企画書1
家族手当と子育て支援手当を導入する

　それではサンプルの企画書として企画1「家族手当と子育て支援手当を導入する」を紹介する。この企画書自体はシンプルな企画書ではあるが、まとまっているはずだ。

家族手当と子育て支援手当 導入の提案

2019年9月1日

技術部1課
山田　太郎

▲ 表紙

　表紙である。タイトルはシンプルに書いている。たまに社内向けの企画書に「ご提案」と「ご」を付ける人がいるが、社内向けの企画書であれば身内向けの資料なので「ご」はいらないかなと思う。

現状考察（理由付け）

　現状考察の1–2は、「**理由付け**」にあたる部分だ。企画で実現したいのはロジックの三角形の「主張」だ。その「主張」を実現しなければいけない「理由」が、現状で発生している悪い状況であると、企画が採用されやすい。そこで、企画書の冒頭に「現状考察」や「現状分析」というタイトルで、「理由付け」を記載することが多いのだ。企画書のセオリーの一つである。

現状考察　その1

- 結婚を控えた技術者や子供が生まれる予定がある技術者が退職する傾向がある。
  - 人事部に確認したところ既婚で子供がいる社員で在籍しているのは管理職または36協定違反となる長時間残業の社員のみであり、それ以外の社員は結婚もしくは子供が生まれるタイミングで退職をしていることがわかった。
  - 前述の退職者の90％が退職理由に給与の低さが挙げられている
- 結婚したことや子供が生まれたことで、ボーナス支給額にも関係する基本給を増やすことはできない

> 現状の給与では既婚者や子供がいる社員にとって現行の給与水準では生活が困難である可能性がある。

▲ **現状考察 その1**

　ここでは退職の動機と家族持ちの社員にだけ特別に給与を上げられないことを簡単にまとめている。人事部からヒアリングした、情報が数字とともに記載されているので、分かりやすいはずだ。また、このページのまとめを枠に囲んで示しているのも良い。

現状考察　その2

- 結婚を控えた技術者や子供が生まれる予定がある技術者の多く
は業務経験10年程度以上の社員であり、退職した場合、代替補
充が難しく、昨年実績では退職者と同程度の経験を持つ中途採
用はゼロであり、代替者としての3年程度の経験者の採用コス
トは昨年実績で平均で90万円発生している

▲ 現状考察 その2

　このページでは、退職者の代替者確保のためのコストをまとめている。

提案骨子

- 企画概要
  - 扶養対象者1名につき、月額2万円の家族・子育て支援手当を普及する
    - 扶養対象者：税務上の扶養対象者とする

- 開始時期
  - 2020年4月1日とする（来期初より）

- 社内告知時期
  - 2019年11月1日（ボーナス後に退職者が出る傾向があるため、その前
に社内告知したい）

▲ 提案骨子

　このページでは企画書の骨子を記載している。企画の概要と開始
時期と告知時期を記載している。現状考察の部分で、企画に対する
共感を得たうえで、ロジックの三角形の**「主張」**を提案の骨子として
説明している。決裁者が現状考察を読んで、「なるほど問題だよね」
となり、「で、どう解決するの？」と決裁者に思わせたタイミングで「こ

うやって解決します」を説明している。

投資対効果（データによる証明）

　ここではロジックの三角形の「**データによる証明**」を投資対効果で説明している。前ページで提案の骨子を理解した決裁者は「手当出すのはいいけど、赤字になるのはだめだよ」と思うので、投資対効果で「大丈夫です。儲かります」と説明しているのである。

投資対効果概算

- 年間支出額概算　360万円
  - 家族手当・子育て支援手当の支給対象者は10名、月間の支出増は30万円となる
- 効果概算　1470万円
  - 年間の既婚者退職者数は昨年実績で6名である。本手当実施により3名が退職予定者がとどまった場合、以下の効果があることになる。
    - 代替者：採用コスト@90万円×3名＝270万円
    - 経験十年の技術者の年間売り上げ額（@1千万円）と経験3年の技術者の年間売上額（@600万円）の差額（400万円）×3名＝1200万円

> 概算ではあるが、家族手当・子育て支援手当導入により、年間1110万円の収支改善が見込めると考える

▲ 現状考察 その2

　かなり粗目の試算ではあるが、大雑把に投資対効果が得られることが書かれている。ただし、中段に「退職者が半減し、来期家族持ちの社員の退職者が半減することでこの効果が出る」と書いてあるので、この割合が崩れると投資対効果の期待数値も崩れてしまう。この企画が採用されるかどうかは、この**投資対効果が本当に期待通りに出るかどうか**の目算が立つかどうかが重要なのである。そこで、この目算の精度を上げるために次のページでこの企画書の本題に入るのである。

次のステップ

この企画書の最終ページには「次のステップ」が書かれている。

次のステップ

- 前述の投資対効果はあくまで概算であり、また手当の支給額も検討の余地が残るため、関連部門と検討チームを立ち上げ、より最適な手当の模索を行いたい。なお検討チームのメンバー候補は以下とする。
  - 人事課　川田次郎課長
  - 技術1課　谷田三郎課長
  - 技術部1課　山田太郎

▲ 次のステップ

次のステップでは**検討チーム**を作ろうと書いている。この方法はかなり有効なので参考にしてほしい。

社内で何か企画をしようとした際に関係者と共同で作れば実現しやすいのだ。ましてや今回の企画書では前ページの投資対効果がやや不明確なので判断できない状況であるのだ。そこで、人事課長と一緒にこの企画を練り上げれば、**より精度が高い投資対効果を試算できる**。さらに人事課長だけではなく、上司である技術1課長も巻き込んでいる。人事課長、技術1課長と企画者で企画を練れば、かなり良いものができるだろうし、一緒に作った企画はやはり採用されやすいのだ。もちろん、この企画書を提出する前に関係者と事前に相談をしておくことは前提になる。

それができていれば、検討チームも立ち上がりやすいだろうし、その結果採用されやすいはずだ。このようなまず検討チームを作る企画というのはある程度大きな企画であれば、とても有効なので、是非参考にしてほしい。

4 | 紙上ハンズオン
企画書2
定年後年間契約制度を導入する

　さて、二つ目の企画を紹介する。シンプルだが極めて実践的な企画書だと思っている。

　では、企画書の例を紹介する。

定年後年間契約制度についての検討

2019年9月1日

技術部1課
山田　太郎

▲ **表紙**

表紙である。

現状考察

- 当社の定年は60歳である。一方年金の受給開始年齢は現在65歳であり、今後も引き上げられる可能性が高い。
- 定年後に生活できる貯蓄額が5000万円という政府調査もあり、当社の40代の社員が給与が高い会社へ転職する傾向がある。
- 単純に定年を引き上げた場合、生産性が低い社員の継続雇用が会社の利益をひっ迫する恐れがある。
- 一般的な定年後の再雇用制度を採用しても、対象社員の年収が大幅に減少してしまうことが多く、優秀な人材ほど再雇用制度を利用しない傾向がある。

▲ 現状考察

　最初にロジックの三角形の「理由付け」にあたる**「現状考察」**を記載している。「現状考察」で「当社の40代の社員が給与が高い会社へ転職する傾向がある」ことを共有している。また、一般論として関連の状況も共有している。現在多くの企業が採用している定年後の再雇用制度は役職定年が多く、その時点で大幅に年収が下がってしまう傾向がある。その年齢ではまだ住宅ローンが残っていたり、子供が大学在学中だったりして、生活が立ちいかなくなることから、有能な社員ほど再雇用制度を利用しない傾向がある。一方で、優秀ではない社員がその制度を利用するケースもあり、定年後の再雇用による人件費が企業の負担になることもある。

提案骨子

- 企画概要
  - 定年後年間契約制度を導入し、定年後も適正な労働対価を支払える仕組みを作ることで、定年後の長期高収入な給与制度を確立する
- 開始時期
  - 2020年4月とする（来期初より）
- 社内告知時期
  - 2019年11月1日（ボーナス後に退職者がでる傾向があるため、その前に社内告知したい）

▲ 提案骨子

　前ページで決裁者と40代の社員が定年後の収入に不安を持ち、それが理由で転職をしていることとその背景を共有した。決裁者の「で、どうするの？」の解として提案骨子を記載している。ここでは、ロジックの三角形の「主張」を提案の骨子として説明している。

投資対効果について

- 投資対効果について
  - 本企画は定年後の社員の生産性を基準に年棒を決める制度であるため、査定制度が適正に機能すれば、本制度による収益悪化は避けられると考える。
- 懸念事項
  - 本制度が会社に利益をもたらすかどうかはその制度の内容自体にかかっている。よって、次ページ以降の「定年後年間契約制度概要」をベースに検討委員会で議論を重ね、制度の精度向上を図るべきと考える。

▲ 投資効果

　前ページで「骨子」を理解させ、「で、儲かるの？」という決裁者の疑問に答えるべく、ロジックの三角形の「データによる証明」を投資対効果として説明している。懸念事項に書かれている通り、収支が向上

するかどうかは制度の中身にかかっているため、次ページ移行では、制度の概要を説明する。

定年後年間契約制度について

- 本制度の概要
  - 定年後は年俸制で再雇用する制度である
  - 能力と健康があるものは管理職で年俸契約をすることもできる
  - 人事部は契約と給与や福利厚生などの人事サービスのみ提供し、契約判断は各部門で行い、対象者の人件費は各部門の予算に計上する。
  - 但し人事部が契約先を斡旋することはある。

- 一般的な定年後の再雇用制度との違い
  - 管理職として契約することができる
  - 対象社員が希望しても雇用する部門がない場合は退職となる
  - 定年後の給与は契約条件により変動する（高額になる場合も定額になる場合もある）

  本来、健康で労働する能力がある場合は契約を継続した方が会社の生産力を高めることができる。
  健康を害して労働を継続できなくなるリスクがあるため、年間契約で更新する契約制度が最適であると言考える

▲ 制度の内容

　このページでは定年後の年間契約制度についてわかりやすく骨子のみ記載している。具体的な数値情報は一切書かず、関連部門からの意見を受け入れやすくしている。

定年後年間契約制度について

- 本制度の実施のメリット
  - 健康と能力があれば定年時の大幅減給を避けることができる。（管理職として継続することもできる）
  - 定年後、長期間働けるように健康に気付かう社員が増える。
  - 定年後の再契約を意識する社員が増えるため、各種ハラスメントが減少する可能性がある。
  - 収支が取れない人材を雇用することがないため、定年後再雇用制度による収支悪化を避けることができる

- 本制度の実施のデメリット
  - 本制度で管理職として継続するものが多くなった場合、管理職の若返りが鈍化する場合がある。⇒管理職として継続する場合も課長職までとするなどの対案を検討する必要がある。

本案は新しく人事制度を新設することになるため、関連部署と協議をし、最適な案を作る必要がある。次ページにある検討チームを立ち上げ検討を進めることを起案します。

▲ 制度の内容

　このページでは、定年後年間契約制度のメリットとデメリットを記載した。定年後に年俸契約にシフトした場合、能力があり健康な人材ならば管理職を続けることができ、定年時の残存能力と健康次第で会社の業績に貢献でき、定年時の大幅減収も避けられることや、定年後の年俸契約があると、より健康的でいたいと思う社員が増えるはずで、社員の健康が低下する40代50代の生産性も向上するなどのメリットを記載している。また、懸念事項としてのデメリットが記載されている。このような骨子レベルの企画書に1枚でメリットとデメリットを記載すると、**いろいろな意見を頂きやすい**ので、是非参考にしてほしい。頂いた意見を企画書の次の版に盛り込んだり、検討チームで採用すれば、その人の意見を盛り込んだことになり、賛同を得やすくなるのだ。

検討チームについて

- 以下の検討チームで本制度の素案を11月1日の部門長会議で発表し、検討を継続するかどうかの判断を得る。
  - 人事課　川田次郎課長
  - 総務課　峰田五郎課長
  - 営業1課　海田四郎課長
  - 技術1課　谷田三郎課長
  - 技術部1課　山田太郎

▲ **検討チーム**

　最後のページに検討チームの構成とスケジュールを記載している。企画1で紹介したのと同じになるが、事前にメンバーから承諾を得るのが前提になるが、それにより、その後の進み方もかなり早くなる。

5 付録テンプレートの紹介

企画書の作成を練習してみよう

　ここで作った二つの企画書を見ていただいた。ここまでの章にくらべて、さらにシンプルになっており、「こんな程度でいいのかな」という見た目の書類であったかもしれない。しかし、重要なのは、繰り返しにはなるが**企画書をささえる骨子**なのだ。そこの部分を伝えるために、実践的なノウハウが織り込んだつもりなので、読者のみなさんのアイデアをまとめる練習に使ってみていただけたらと思う。

　以下では、テンプレートとしてのロジックの三角形、鳥観マップ、提案書骨子を記載する。また読者特典としてサポートサイトからこのテンプレートをダウンロードできるようにした。是非、企画を起こしてみてほしい。何事もやったもの勝ちであり、やればやるほどうまくなるのである。

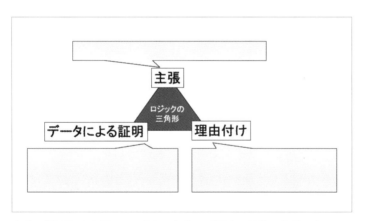

まずは「主張」から埋めてみよう。自分の所属する組織で解決できることを一行で書いてみよう。そして「理由付け」には「主張」を実現しなくてはいけない理由を書こう。「理由付け」には「主張を実現するとこんないいことがあるから」とか「主張を実現しないとこんな悪いことが起こる」といった内容を書いてみよう。「理由付け」の状況を「主張」が解決できるロジックを「データによる証明」に書けば、ロジックの三角形は完成だ。

鳥瞰マップのテンプレート

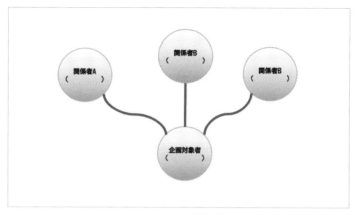

ここは書き方の幅が広いのでテンプレートで説明するのが難しいところ
だ。まず最初に、企画対象者を書き、関係者を周りに書き、線で結ぶこ
とから始めよう。

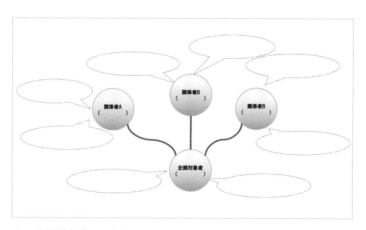

次に企画対象者と関係者が思っていそうなことを吹き出しに書いてみよ
う。とりあえず思ったことを書いていくのが良いのだ。書いた後に「関係
ないな」と思ったら消せばよいのだ。ここはブレインストーミングのつも
りで妄想してほしい。たくさん妄想すればするほど鳥瞰力のトレーニン
グになるのだ。

企画書のテンプレート

```
                    「                              」

                        年　月　日

                    「            」（部署名）
                    「          」（氏名）
```

(1) 表紙：まず、企画書の表紙である。ロジックの三角形の「主張」をそのままタイトルにするとわかりやすい。

```
    現状考察

    ・
    ・
    ・
    ・
```

(2) 現状考察：続いて、ロジックの三角形の「理由付け」を決裁者が共感できるような書き方で書いてみよう。市場データや調査データ、他社事例や新聞記事などを書くと、より信びょう性が増し、決裁者の理解を得やすいので、ネットでいろいろ検索した内容も記載してみよう。決裁者が普段使っている言葉を使って書くとなお共感されやすい。

提案骨子

- 企画概要
  -
- 実施時期
  -　　　　年　　　月　　　日~　　　年　　　月　　　日を想定
- 概算コスト
  -　　　　　　　　　円

(3) 提案骨子： そして、次は提案骨子だ。ここではロジックの三角形の「主張」を企画概要に書き、補足があれば補足も書く。1行〜2行で書くとシンプルでわかりやすい。そして、期間と概算コストを書くと、企画全体の骨組みが見えるはずだ。

投資対効果概算

- 年間支出額概算　　　　　万円
  -
- 効果概算　　　　万円
  -
  -

(4) 投資対効果： 次は投資対効果だ。ここではロジックの三角形の「データによる証明」の項目を書く。この企画を実施するにあたって、どれくらい投資して、どれくらいリターンがあるかを書いてみよう。

次のステップ

・

(5) 次のステップ：企画書としては前ページの「投資対効果」で終わってもいい
のだが、企画が終わったあとはどうするべきかを書いた方が決裁者にも親切であ
る。また、企画者が企画の進め方をコントロールするうえで、次のステップを書
いた方が、企画者にとってもメリットがあるはずだ。会社の中でたまにある話だ
が、企画を書いたのに、おいしいところを別の人に持っていかれないように、伏
線をこのページで引くと良い。

　企画は机上のロジックであるが、腕を上げるにはやはり経験値がものを
いうのである。テンプレートをダウンロードして、何回も企画を起こしてみ
よう。経験は、誰も奪うことができない、貴方だけの財産だ。企画力を上
げて、自分の武器を作り上げてみてはいかがだろうか。

第14章

最終奥義：短時間で高品質に企画する方法

Introduction

続けて企画を書いていくことが重要

　第4編では私が過去に作成した企画書を紹介した。中には20年近く前の企画書もあり、改善点も見えるし、練り方もまだまだだと思っている。それは私自身が成長したことを意味しているかもしれない。成長した理由はその後も**仕事で企画書を書き続けてきたから**だとも思っている。

　プログラミングも同じことが言えると思う。趣味で続けていても成長はすると思うが、仕事でプログラミングを続けたほうがはるかに成長は速く、大きい。仕事の場合、食べるため、家族のために真剣に作業する人が多い。毎日真剣に取り組めば多くのことはうまくなるのだ。

　一方で、私は企画書の講義をあちこちで行い、いろいろな若者を指導して必ず最後に**「続けることが大事」**という説明をしている。

　話は20年も前のエピソードになる。20年も前に企画書の指導をした若い技術者がいた。彼は若く技術センスがあり、経験も豊富で腕のいい技術者だった。彼にスマートフォンアプリの企画書を書く機会があったので、アドバイスをした。結果、とてもいい企画書ができた。企画書として素晴らしかったため、その所属会社の企画として大手スマートフォン通信事業社に提案をした。結果はある特殊な規格が必要で、大手スマートフォン通信事業社はその規格の使用許可を出せないという回答となり、不採用となった。彼はその事実がショックだったのか、「もう企画は書かない」と言っていた。その後、彼が作った企画と同じ内容のスマートフォンアプリケー

ションが世に出てヒットし、テレビCMにも流れた。もしも彼が大手企業に在籍していたら、当時の企画は採用されたかもしれない。たらればの話はここでしても仕方がないのだが、彼が、その後も企画を続けていれば、名の知れた企画者になったように思える（優秀な技術者にはなっているとは思う）。やはり、続けなければ道は拓けない。

　IT技術者の方には1度の失敗で辞めてしまう人がいるように思える。傷つきやすいのだろうか。それは人それぞれだから、私にはわからない。プログラミングも企画もいきなり最初からうまくいかないのだ。転んでみてわかることも多いのだ。今は月刊連載が18本になる私も最初の連載にはとても時間がかかった。あちこちの雑誌社に企画を持ち込んでは落ちまくっていたのが懐かしい。落ちまくった愚痴と書きたい内容をとある打ち合わせの雑談で話したところ、「じゃぁそれうちで書いてよ」と編集長のお言葉を頂き、巻頭記事を書いたことがある。人生何があるかわからないものだ。だから、この本を読まれた方に私は言いたい。何かやりたいことがあれば、ぜひ続けてほしい。チャレンジするたびに反省し、進歩していけば、必ず道は拓けると思う。企画書も同じ。**企画書は書けば書くほどうまくなるので、才能は不要だ。**続けることとフィードバックをもらうコツさえ知っていれば、伸びていくのだ。

　さて、この最後の章では、企画書を書き続け、企画書がうまくなるためのちょっとしたコツを解説する。ちょっとしたコツなので、シンプルな話だが、ちょっとしたコツだから続けやすいのだ。ものすごい大仕掛けや複雑なうんちくだと、続けるのは難しいのだ。

1 最終奥義
多くの人が日常に追われ、企画なんて書いている時間がない

　社会人になると多かれ少なかれみんなそれなりに忙しい。日常に追われて疲れて、もういっぱいいっぱいだと思っている人は多い。そして、多くは無駄な仕事もいっぱいやらされて、それゆえにストレスもたまって、作業効率が落ちたりすることもある。そんな状況でも作業納期があって、頑張って仕事を終わらせて、たまの休みにストレス発散したり、家族サービスして癒されたりしているのだろう。それはそれである意味、充実した人生なのかもしれない。多くの人がそんな感じなので、企画書くような余裕がないかもしれない。それゆえに**企画書を書くことができるだけでも**、周りと違う自分が会社のどこかに記憶されるのだ。この記憶が、まったく違うプロジェクトの人選に効果を出して、思わぬチャンスを得ることも多い。場合によっては出世につながることもある。企画を出す人材と出さない人材がいれば、企画を出す人材を上に引き上げるのが会社である。会社はいつでも業務を前に進める人材を評価するのだ。もちろん採用されれば大きなチャンスにもなる。

最終奥義：時間がないところで企画を出すコツ

　企画を書く上で、最も非生産的な時間は**考えている時間**である。書くべき内容をひらめくまでの速さが短縮されると、企画を書く時間はびっくりするくらい効率的になる。企画に費やす時間が短くなれば、企画者の負担が軽減され続けやすくなるのだ。また、企画書の製作時間が短縮されれば、フィードバックを反映するのも速くなる。結果的に企画の精度が上がり、採用されやすくなる。負担が軽くなり、採用されれば、多くの人は続けられると考える。では、企画で書くべき内容を短期間で思いつくためのコツを最後のまとめとして紹介する。

文章が止まる原因「しっくりくる文章が出てこないから」

　これにはさまざまな原因がある。例えば、「なんとなくまとまっていない」「投資対効果が出ない」「何を書いていいかわからない」などなどさまざまだ。この書籍に何回も出てくるが企画はシンプルで効果が出るのが一番である。そして効果が出るものが採用されるのである。そして、企画の基本はロジックの三角形である。

　実は一番時間がかかるのがこのロジックの三角形を作るところだ。これさえできれば、あとはできあがった三角形にもとづいて書くだけなので、割と短時間でできるのだ。ではここで復習を兼ねてロジックの三角形の書き方を思い出してみよう。最初に書くべきことは、「うまくいかないかも」「実現難しそう」という邪念を捨てて、**直球で効果が出るやりたいこと**をロジックの三角形の主張に書いてみるのだ。

図1 ロジックの三角形の書き方「最初の一歩」

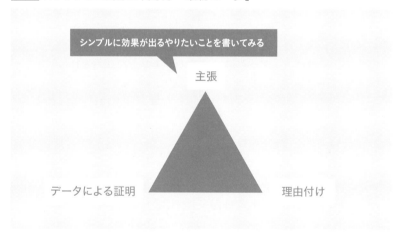

　そして、主張を実現するメリットを理由付けに書いてみる。

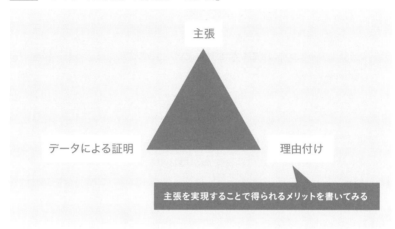

図2 ロジックの三角形の書き方「2歩目」

（図中）
主張
データによる証明　理由付け
主張を実現することで得られるメリットを書いてみる

そして、投資対効果やスケジュールなどを「データによる証明」で書き、実現できる証明をデータにもとづいて行うロジックを組んでみよう。

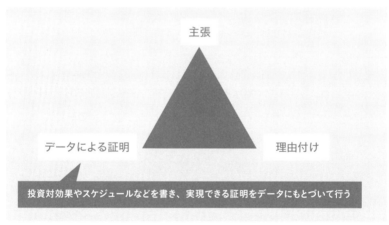

図3 ロジックの三角形の書き方「3歩目」

（図中）
主張
データによる証明　理由付け
投資対効果やスケジュールなどを書き、実現できる証明をデータにもとづいて行う

しっくり来ないときはロジックの三角形をつなげてみる

　最初の三角形でしっくりくるのができれば完成である。時間がかかる場合は、最初の三角形を作ってみてもなんとなくしっくりこない場合だ。そこ

で、この本の最後のアドバイスをする。作った三角形がしっくりこない場合は、以下のように前後にロジックの三角形をつなげてみよう。

図4 ロジックの三角形の書き方で迷った時の対処法その1

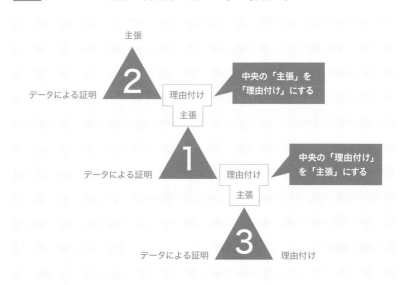

　最初に中央のロジックの三角形を作ってみる。その次に中央の主張を「理由付け」としてロジックの三角形を組んでみるのだ。さらに中央のロジックの三角形の「理由付け」を主張にしてロジックの三角形を組んでみよう。ちょっと言い方を変えるだけで組めるはずだ。

　実はロジックの三角形をつなげると図5ような関係になるはずだ。この連鎖している三角形を見てみると、同じようなことを言っているが視点を変えていることに気が付くはずだ。実は企画は視点を変えるだけで全然別のものになるのだ。この視点を変えるやり方は煮詰まった時の一人ブレストにも使えるので、是非マスターしてほしい。これができるだけで時短ができるのだ。

図5 ロジックの三角形の書き方で迷った時の対処法その2

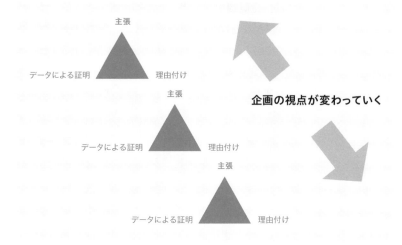

企画の視点が変わっていく

例として、それぞれの三角形に「主張」と「理由付け」を入れてみた。

図6 ロジックの三角形の書き方で迷った時の対処法（例）

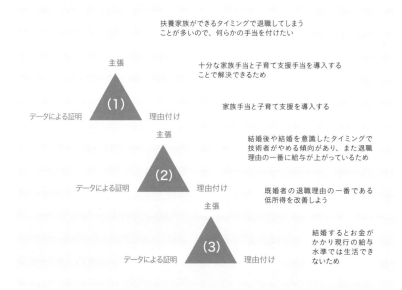

上記のように前後に三角形を連鎖させると、ロジックの三角形の粒度が変わることがわかる。たったこれだけのことだが、前後に連鎖させることを

するだけで、一番しっくりくるロジックの三角形が見つかるはずだ。この中で一番しっくりくるのは、企画提出対象が所属会社になることを考えると、所属会社が実施できる書き方をした「ロジックの三角形（2）」になる。

　このように同じような内容を書いているが、**ちょっとした書き方の違いで、しっくりくる度合いが違う**のだ。ロジックの三角形が決まれば、あとはこの本に書いてある通りの流れで企画はぶれず、わかりやすく、そしてシンプルに作れるはずだ。

　企画が速くできるようになると「企画が得意かも」と思えるようになるはずだ。実際にこの三角形を適切に早く作れる人は企画が得意だ。適切な企画が速くできれば、上司や周りからも「もうできたの？　速いね」と褒められるので、ますます乗ってくる。

　この書籍では、難しいことはほとんど書いていない。
　単純で効果が出るちょっとしたやり方がたくさん例を交えて書いてあるだけだ。
　たったこれだけのことだが、実施できる人とそうでない人ではかなりの差がつく。

是非企画を続けてほしい。

　1回の企画で人生が大きく変わることなんてない。企画なんて紙切れなんだから、そんなものだ。続けることで上手くなり、そのうち任されるようになり、実現できて初めて何かが変わるのだ。

　技術者の中には技術第一主義の人が多い。技術者なので、それはそうあるべきだと思う。でも、技術を知っている人が企画も強くなると、企画が地に足が付き、より実現しやすくなることを、身をもってここまで読んできたみなさんに証明してほしい。

　是非、明日からでも新しい企画書にトライしてみてほしい。

INDEX

著者PROFILE

吉政 忠志（よしまさ ただし）

ノベル・ジャパン、SAPジャパン、ターボリナックス、インフォテリア（現：アステリア）のマーケティング職を経験し、2010年に吉政創成株式会社を起業。国内上場企業を中心に マーケティングアウトソーシングを提供。Turbo-CE、XMLマスター、PHP技術者認定試験、Rails技術者認定試験、Pythonエンジニア認定試験、ウェブ・セキュリティ試験（徳丸試験）、KUSANAGI for WordPress試験の立ち上げを企画。ノベルISVプログラム、ターボリナックス、インフォテリアのパートナープログラムをはじめとした10のパートナープログラムも企画。月間連載数15本以上、年間講演数30前後。近況は吉政創成株式会社のWebサイトへ。
https://www.yoshimasa.tokyo/

※（企画）とした見出し項目は、本書内で扱われている企画書、申請書のサンプル例です。

STAFF

ブックデザイン：三宮 暁子（Highcolor）
紙面イラスト：角田 綾佳（株式会社キテレツ）
ダイアグラム制作：本石 好児（STUDIO d³）
DTP・編集：宮崎 綾子
協力：渡辺 香
担当：伊佐 知子

ITエンジニアのための
企画力と企画書の教科書

2020年3月20日　初版第1刷発行

著者　　　吉政 忠志

発行者　　滝口 直樹

発行所　　株式会社マイナビ出版
　　　　　〒101-0003　東京都千代田区一ツ橋2-6-3 一ツ橋ビル2F
　　　　　0480-38-6872（注文専用ダイヤル）
　　　　　03-3556-2731（販売）
　　　　　03-3556-2736（編集）
　　　　　pc-books@mynavi.jp
　　　　　URL：https://book.mynavi.jp

印刷・製本　シナノ印刷株式会社